后浪

玻璃罐沙拉

作りおきで毎日おいしい！

NYスタイルの
ジャーサラダレシピ

［日］林 紘子 著

胡苏莞 译

北京联合出版公司
Beijing United Publishing Co.,Ltd.

即使很忙，也想每天都吃到美味蔬菜——

罐沙拉！

在纽约客中拥有很高人气的“罐沙拉”，

说的就是在可以密封的玻璃瓶中，装入调味汁和满满的各色蔬菜，

然后紧紧扣好的新式沙拉。

因为它层次分明的可爱外观，只需把蔬菜切好放入瓶中的简单做法，

以及即使放上四五天，绿叶菜还能保持脆爽的卓越保鲜性，而在美国大受欢迎。

纽约的职场女性中很流行在周末做好，工作日带到办公室当作午饭。

本书将主要介绍使用 240ml 玻璃瓶制作的 1 人份菜谱。

这样的小尺寸便于携带，足够盛下 3 ~ 4 种蔬菜，放在冰箱里也不占地方，

还能充分利用冰箱里的剩余蔬菜！

只要提前准备好，一顿就可以吃到种类丰富的蔬菜，

特别适合职业女性和忙碌的妈妈。

还不仅仅是沙拉——

分装到小盘能有 2 ~ 3 人份，作为晚饭的副菜也刚刚好。

某些味道很适合充当下酒菜。因为能保存，作为家中“常备菜”也很方便。

不论什么时候，都能立刻吃到蔬菜，真让人高兴啊！

这就是尤其适合忙碌的人制作的，罐沙拉。

CONTENTS

PART 4
美味劲辣 韩国风调味汁

用水果制作的 罐沙拉集

使用小贴士

- 1 小勺 = 5ml，1 大勺 =15ml，1 杯 = 200ml。
- 材料的重量全部是净重。
- 本书的菜谱可以按照材料表的顺序装罐。比如❷“洋葱和番茄”写在一起时，先出现的食材（洋葱）先放入。

罐沙拉是什么？

罐沙拉是指将切好的蔬菜等食材装进可以密封的广口玻璃罐所制成的沙拉新品种。
蔬菜洗净后要注意控干水分，或者将水分擦干之后再切开。
本书所使用的“梅森罐”（Mason Jar），是由拥有 100 多年历史的美国波尔公司（Ball Corporation）开发生产的保存罐。
这种玻璃罐是美国厨房的必备品，瓶盖由中空的螺纹外盖和带有橡胶垫的内盖组成，独特的双重构造使得它密封性能卓越，
即使倒了也不会外漏，方便外出携带。
梅森罐厚实的瓶身刻有“Ball”的标识和水果图案，十分可爱。
所以，出席“女子会”或者家庭聚会时，不妨作为自己贡献的一道菜或者伴手礼带去吧。
在日本可以从杂货店或者购物网站买到，
大小一般分为 240ml 和 480ml 两种。
240ml 容量最适合 1 人份，直径约 7cm，高约 10cm。
480ml 是 2 ~ 3 人份，直径约 8.5cm，高约 12.5cm，
适合招待客人或者带去参加聚会。
当然，使用家中已有的其他保存罐也 OK。
不需要特意消毒，但是请充分洗净晾干后再使用。

ATTENTION!
内侧的橡胶垫使密封性能提升！

如果想一次做足量的话

本书介绍的食谱分量以 1 人份的 240ml 罐为主，
其实做成其他分量也很简单。
如果使用家中已有的保存罐或者尺寸更大的密封瓶，
只要按照容量等倍增加材料就可以了！
使用 480ml 罐时，将食材和调味汁的分量全部加倍即可。
这里介绍的是任何容量的玻璃罐都可以使用的万能食谱。
不过，要注意玻璃罐的形状，广口的矮罐就不太合适，
最好使用竖长形的玻璃罐。
因为在高度不足的情况下，调味汁容易上升，
在 step4（→ p.9）中放入的叶菜会有变得蔫软的风险。

 制作罐沙拉的 4 个基本步骤

罐沙拉的做法非常简单，只需要把洗净切好的材料放入玻璃罐中而已。
不过，放入的顺序可是有秘诀的。

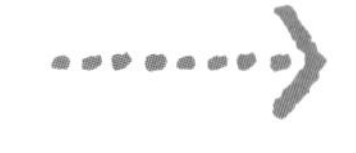

step 1

放入调味汁

step 2

放入会溢出味道的 &
不容易浸入调味汁的食材

番茄、洋葱、橙子等食材自身的味道能与调味汁相互渗透，一起变得更美味；豆子、牛油果之类不太容易吸收调味汁的食材，也适合在此步骤中放入。
蛋黄酱放入冰箱容易变硬，在这里搭配会渗出水分的蔬菜（如番茄）可以起到适度中和的作用，使整体更易融合。

Step❷的NG食材

- 羊栖菜、干萝卜丝这类只是吸收调味汁，自身却不溢出味道的食材不仅会大量吸收调味汁变咸，还会使其他食材沾不到调味汁而淡然无味。
- 芦笋、罗勒等这类泡水就会变色的食材。

本书中介绍的，是经过多次实验反复确认，真的很美味的 72 种食谱。

不用说，背后也曾失败过很多次……

而大多数的失败正是由放入食材的先后顺序所造成的。

所以，请一定要记住这里的规则！

罐沙拉中的调味汁会因为蔬菜的水分溢出而慢慢上升，所以这一步比较适合放入玉米、彩椒等不论是生食还是浸到调味汁中都能保持美味的食材。在有多种类似食材的情况下，较硬的在下，容易变形的在上。像白菜那种根部较硬叶子较软的，应将硬的部分向下放入。在 step2 中经常使用的番茄，如果想吃到水灵灵的状态，也可以在本步骤放入。

像生菜之类的绿叶蔬菜，或者烘得脆脆的小鱼干等需要保持鲜脆口感和嚼劲的食材，请放在最上层。因为完全接触不到水分，没有被泡软的风险，才能够保持最佳口感。如果要用到煮鸡蛋和煮大虾这类保鲜期短的食材，不妨把除它们之外的材料先制成罐沙拉，等到要吃的当天或者前日再放入，就能和其他罐沙拉一样地拥有 4 天左右的保鲜期了。

可持续的蔬菜生活超简单菜谱！

为什么可以长时间保存呢？

罐沙拉能够保鲜多日的秘密，
不仅是因为用了密封性能很好的密封罐，
食材的放入顺序也很重要。
制作方法的 step4（→ p.9）中，放在最顶层的材料要高出瓶身。
像小山一样堆得高高的，用手轻轻压下去，
挤出空气的同时紧紧扭上瓶盖，
使蔬菜新鲜度下降的原因——接触到的空气量，大大减少了。
此外，连同玻璃瓶一起放在冰箱冷藏，
蔬菜就能好几天都保持新鲜。
如果有暂时用不完的蔬菜，
比起直接存放在冰箱里，更推荐大家做成罐沙拉，
菜的新鲜程度能得到更好的保留！

调味汁都是1大勺的量

使用1人份的240ml瓶时，
调味汁的分量全部是1大勺。
是不是很容易记呢？
“明明有那么多蔬菜，
调味汁却只有这么少一点，会好吃吗？”
有这种顾虑的可以放心，完全没问题！
吃之前摇晃瓶身，
调味汁会毫无浪费地与食材充分混合，
真的只需要少量的调味汁就足够啦！
不用厚重复杂的调味，充分利用蔬菜自身的味道，
吃到最后也不会觉得腻。
与市场上贩卖的“重口味”沙拉相比，
第一口的冲击力或许并不强烈，
但这种自然的味道会让人着迷，
变得每天都想吃。
如果实在感到不够味，从容器中取出后，
再根据自己的喜好撒点盐吧。

4 种基本沙拉调味汁

本书使用了广受欢迎的 4 种便利的调味汁。
即使是同一种调味汁，也会因为蔬菜本身味道的不同而产生变化，
所以怎么吃都不会腻。
可以单独制作每一罐沙拉的调味汁，
如果打算“批量生产”，就一次性做好吧。
在塑料瓶中放入材料，摇匀使其充分混合，用的时候更方便。
如果准备好了蔬菜要开始做沙拉时，忽然发现调味汁的食材不够，
或者没有时间自己做了，
也可以用市场上贩卖的沙拉酱救急。

日本人偏好的酱油咸味
最适合和风蔬菜和根茎类蔬菜

酱油调味汁

不管是小孩还是大人
都会喜欢的味道

蛋黄酱调味汁

辣中带着些微甜味，试试搭配
加了肉类有分量感的沙拉

韩国风调味汁

醋和油的简单味道
与任何食材都很相配

法式油醋汁

4 种沙拉调味汁的制作方法是共通的

做 1 份罐沙拉所需要的调味汁时，把全部材料倒入碗中，充分混合搅匀就 OK 了。如果想一次多做一些，就把全部材料都放入塑料瓶等容器中，拧好盖子后摇匀。需要注意的是，盐不易溶解，食用前请记得再一次摇匀，以免影响味道。

● 蛋黄酱调味汁

材料（240ml 瓶 1 个的分量）
蛋黄酱…1/2 大勺
柠檬（或醋）…1 小勺
帕玛森奶酪粉…1/2 小勺
盐…少许

● 批量制作时
材料（240ml 瓶 6 个的分量）
蛋黄酱…3 大勺
柠檬（或醋）…2 大勺
帕玛森奶酪粉…1 大勺
盐…1/4 小勺

● 酱油调味汁

材料（240ml 瓶 1 个的分量）
酱油…2/3 小勺
醋…2/3 小勺
砂糖…1/4 小勺
芝麻油（或橄榄油）…1 小勺
盐…少许

● 批量制作时
材料（240ml 瓶 6 个的分量）
酱油…1 又 1/2 大勺
醋…1 又 1/2 大勺
砂糖…1 又 1/2 小勺
芝麻油（或橄榄油）…2 大勺
盐…1/8 小勺

● 法式油醋汁

材料（240ml 瓶 1 个的分量）
白葡萄酒醋…1 小勺
盐…1/6 小勺
橄榄油…2 小勺
胡椒…少许

● 批量制作时
材料（240ml 瓶 6 个的分量）
白葡萄酒醋…2 大勺
盐…1 小勺
橄榄油…4 大勺
胡椒…少许
蛋黄酱…1/4 小勺

◎一次做较多量时，加一点蛋黄酱可以促进乳化，防止盐的咸味分布不均。

● 韩国风调味汁

材料（240ml 瓶 1 个的分量）
韩式辣椒酱…1/2 小勺
芝麻油…2/3 小勺
酱油…2/3 小勺
醋…2/3 小勺
砂糖…1/2 小勺

● 批量制作时
材料（240ml 瓶 6 个的分量）
韩式辣椒酱…1 大勺
芝麻油…1 又 1/2 大勺
酱油…1 又 1/2 大勺
醋…1 又 1/2 大勺
砂糖…1 大勺

罐沙拉的食用方法

基本的食用方法是，整体摇晃瓶身后，翻转倒入盘中就可以享用啦。
因为调味汁含有水分，所以比起平盘，用有些高度的深盘或者沙拉碗更适合。
不过，蛋黄酱调味汁冷藏后会凝固，不太容易倒出，
从冰箱取出后可以常温放置一会儿，
或者用勺子盛出来，在食器中充分混合之后再食用。
有些罐沙拉的主要材料是切碎的蔬菜丝，
可以在罐中搅拌均匀后直接品尝。

招待客人，或者想要装盘更美时，把最上层的食材先在餐盘外围摆好，
再翻转整瓶，倒出其他食材，稍作整理。
装盘时无须太过拘泥，自然形态的蔬菜自有其魅力。
在我们的传统观念中，沙拉当然是冷食的，
其实凯撒沙拉食用前在常温下放置 10 ~ 20 分钟，味道会变得更好。
如果是加入了肉类的沙拉，打开瓶盖在微波炉中稍稍加热一下，
会带来不一样的美味。

Lets enjoy jar salad magic!

奶香味十足

蛋黄酱调味汁

这是一款醇厚浓郁的调味汁。蛋黄酱中加入奶酪，搭配柠檬的清爽酸味，味道更加调和。这款调味汁冷藏保存容易变硬，使用时最好提前从冰箱取出，常温放置下一段时间。制作沙拉时特别适合搭配玉米、小番茄等有甜味的食材，会一下子变得更好吃。

想要吃很多生菜！
这种时候最推荐

凯撒沙拉

● 冷藏保存 3 ~ 4 天

Caesar salad

鲜脆清爽的罗马生菜，
配上帕玛森奶酪粉和油煎面包丁，
组成经典的美式基本款沙拉。
紫洋葱和沙拉酱融合后还会变成可爱的粉红色！
如果只做 1 人份，就把所有材料减半，装入 240ml 的玻璃罐中吧。

【材料】480ml 瓶 1 个的分量

❶ 蛋黄酱调味汁（→ p.13）…2 大勺
　大蒜（磨碎）…1 瓣
❷ 紫皮洋葱[※1]（切碎）…1/2 个
❸ 煮鸡蛋（蛋白和蛋黄分开，分别切小块）…2 个
❹ 罗马生菜[※2]（撕成一口大小）…8 ~ 10 片
　油煎面包丁[※3]（市贩品）…30g
　帕玛森奶酪粉 …2 大勺

※1 普通的洋葱也可以。
※2 也可用普通生菜或红叶生菜代替。
※3 自己制作油煎面包丁的方法：吐司去边，切成小丁。
平底锅倒入足量橄榄油，加少许蒜片，待蒜香溢出后挑出蒜片，放入切好的面包丁煎至香脆即可。

【制作方法】

按照❶ ⇨ ❷ ⇨ ❸（蛋黄⇨蛋白）⇨ ❹的顺序将上述材料装入玻璃罐中，盖紧盖子，冷藏保存。

小贴士

因为菜叶不会直接接触到沙拉酱，即使放上三四天也能保持清爽鲜脆的口感。取出装盘后充分拌匀，开始享用吧！不想特意分开鸡蛋的蛋黄和蛋白，一起切碎也可以。

摆盘时可以先将生菜叶子铺在盘底，剩余的材料盛在中间。

色彩明亮丰富，
食材分量充足，
定会成为野餐或
聚会中的人气菜品！

科布沙拉

• 冷藏保存 2 ~ 3 天

Cobb salad

科布沙拉源于二十世纪三十年代好莱坞的一家餐厅，
现在成为广受欢迎的美式经典沙拉。
黄绿色、红色、黄色的食材依次装入玻璃罐中，魅力十足。

【材料】240ml 瓶 1 个的分量

❶ 蛋黄酱调味汁（→ p.13）…1 大勺

❷ 牛油果 ※1（小颗，切成 2cm 小方块）…1/2 个
番茄（切成 2cm 小方块）…1/4 个

❸ 煮鸡蛋（切成一口大小）…1/2 个

❹ 生菜叶（撕成一口大小）…1 片
蒸鸡胸肉 ※2（用手撕碎）…1/8 块
培根（切成 1cm 宽）…1 片

※1 牛油果选择较硬的，不容易弄脏瓶子。
※2 将一块鸡胸肉、1/2 杯水、2 大勺酒一起放入平底锅，盖上盖子，中小火蒸煮 10 ~ 15 分钟。不用取出，关火冷却即可。

【制作方法】

平底锅不放油，将培根煎脆，稍稍冷却。
按照❶ ⇨ ❷ ⇨ ❸ ⇨ ❹的顺序将食材放入玻璃罐中。
盖好盖子，放入冰箱冷藏保存。

小贴士

带出去野餐或者参加聚会的时候，将牛油果和番茄的分量加倍，整齐地摆进瓶中，漂亮的外观十分吸引眼球。因为颜色已经很明艳动人，即使摆放得稍微粗枝大叶一点，也不失可爱。这款沙拉同样适合 480ml 瓶。

简单美好的配色，
基础款罐沙拉！

玉米沙拉

● 冷藏保存 4 ~ 5 天

Corn salad

将色彩丰富、形状漂亮的蔬菜层层叠起，
初学者也能轻松掌握的基本菜谱。
玉米的甜味使蔬菜变得更加美味可口，
让人忍不住做了又做。

【材料】240ml 瓶 1 个的分量

❶ 蛋黄酱调味汁（→ p.13）… 1 大勺

❷ 洋葱（切小块）…1/8 个
小番茄（纵切 4 等分）…6 个

❸ 黑橄榄（切成轮状）…5 个（切约 20 片）

❹ 芝麻菜※（撕成一口大小）…30g
玉米粒（罐头）…3 大勺（30g）

※ 也可以用生菜、沙拉菠菜等代替。

【制作方法】

按照❶ ⇨ ❷ ⇨ ❸ ⇨ ❹的顺序将食材放入沙拉罐中。
盖好盖子，放入冰箱冷藏保存。

小贴士

蛋黄酱放入冰箱冷藏保存时容易变硬，所以在最下层放入诸如洋葱碎和小番茄这类会渗出水分的蔬菜，能使味道更均匀融合，洋葱的辣味也会消失不见，美味升级。

卷心菜玉米沙拉

•冷藏保存 4 ~ 5 天

Cabbage and corn coleslaw

蛋黄酱调味汁与带有甜味的食材特别相配。
充分体会生食蔬菜的爽脆与新鲜。

【材料】240ml 瓶 1 个的分量

❶ 蛋黄酱调味汁（→ p.13）…1 大勺
砂糖…1/2 小勺

❷ 玉米粒（罐头）…3 大勺（30g）

❸ 卷心菜（切小粗条）…50g

❹ 胡萝卜（切小粗块）…15g

【制作方法】

按照❶ ⇨ ❷ ⇨ ❸ ⇨ ❹的顺序将食材放入沙拉罐中。
盖好盖子，放入冰箱冷藏保存。

**常吃的卷心菜沙拉
脆生生的口感
特别美味！**

小贴士

利用冰箱里常备的蔬菜就可以制作的沙拉。如果家里刚好有没用完的卷心菜和胡萝卜，请一定要试试。做成罐沙拉以后，蔬菜的保鲜期限也会延长！

苹果西兰花沙拉

• 冷藏保存 3 ~ 4 天

Apple and broccoli salad

蛋黄酱令食材的甜味更上一层楼，
苹果则增添恰到好处的酸度，让味道更丰富。

【材料】240ml 瓶 1 个的分量

❶ 蛋黄酱调味汁（→ p.13）…1 大勺
❷ 苹果（带皮切成三角薄片）…1/3 个（70g）
❸ 西兰花（掰小朵）…50g
❹ 火腿片（切成小长方片）…2 片
其他…适量盐

【制作方法】

将西兰花用盐水煮过，沥干水分，稍稍放凉。
按照❶ ⇨ ❷ ⇨ ❸ ⇨ ❹的顺序将食材放入沙拉罐中。
盖好盖子，放入冰箱冷藏保存。

酸酸甜甜的苹果
别具风味！

小贴士

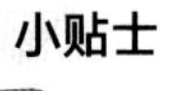

苹果皮朝外侧，竖着排列在瓶中，看起来就很可爱。此外，苹果下面的部分会浸到调味汁，而上部还保留着刚好的脆度，更加好吃！

西兰花豆子沙拉

●冷藏保存 3 ~ 4 天

Broccoli and mixed beans salad

牛油果豆子沙拉

●冷藏保存 3 ~ 4 天

Avocado and mixed beans salad

营养均衡 good！维生素与蛋白质汇集一盘

搭配面包一起吃，饱腹又营养的充实午餐！

西兰花豆子沙拉

在美国常见的豆类沙拉，既能方便地摄取蛋白质，又会带来饱腹感，是很理想的健康午餐。豆类不容易吸收水分，可以放在最下层让它们沾到调味汁。

【材料】240ml 瓶 1 个的分量

❶ 蛋黄酱调味汁（→ p.13）…1 大勺

❷ 混合豆类（袋装）…25g

❸ 小番茄（纵切 4 等分）…2 个

玉米粒（罐头）…4 大勺（40g）

❹ 西兰花（掰小朵）…30g

其他…适量盐

【制作方法】

将西兰花用盐水煮过，沥干水分，稍稍放凉。

按照❶ ⇨ ❷ ⇨ ❸（一半小番茄 ⇨ 玉米粒 ⇨ 剩下的一半小番茄）⇨ ❹的顺序将食材放入沙拉罐中。

盖好盖子，放入冰箱冷藏保存。

小贴士

袋装的混合豆子使用方便，非常适合制作罐沙拉。可以充分摄取平时容易被忽视的蛋白质，因为，已经是蒸好的 *，所以可以立即使用。

* 日本市面上卖的袋装 “mixed beans” 大多是开袋即食的。——译者注

牛油果豆子沙拉

和上面的西兰花豆子沙拉一样，营养均衡。牛油果与蛋黄酱相互交融，风味浓郁。对于时间并不充裕的午餐来说，这样的一瓶就能获得大大的满足！

【材料】240ml 瓶 1 个的分量

❶ 蛋黄酱调味汁（→ p.13）…1 大勺

❷ 牛油果（小颗，切成 2cm 小方块）…1/2 个

混合豆类（袋装）…25g

❸ 玉米粒（罐头）…3 大勺（30g）

❹ 嫩叶菜 ※…1/2 袋（20 ~ 30g）

其他…适量盐

※ 生菜、芝麻菜、沙拉菠菜、水菜等也可以。

嫩叶菜是发芽后 10~30 天的多种新鲜嫩菜叶的总称。在日本会以混合的小袋售卖。——译者注

【制作方法】

按照❶ ⇨ ❷ ⇨ ❸ ⇨ ❹的顺序将食材放入沙拉罐中。

盖好盖子，放入冰箱冷藏保存。

小贴士

牛油果和混合豆因为不易吸收水分，所以适合放在罐沙拉的最下层。很容易氧化变色的牛油果因为浸到了调味汁，又是密闭保存，也能保持漂亮鲜艳的黄绿色。

有了鲜美诱人的扇贝
筷子根本停不下来！

【材料】240ml 瓶 1 个的分量

❶ 蛋黄酱调味汁（→ p.13）…1 大勺
❷ 扇贝（罐头）…30g
❸ 白萝卜（细丝）…100g
❹ 嫩苗※…1/3 盒

※这里用的是小萝卜的嫩苗。也可以用萝卜芽、紫苏叶（切细丝）代替。

【制作方法】

按照❶ ⇨ ❷ ⇨ ❸ ⇨ ❹的顺序将食材放入沙拉罐中。
盖好盖子，放入冰箱冷藏保存。

小贴士

蔬菜与豆类的嫩苗营养丰富，含有大量的维生素、矿物质和酶类。白萝卜和扇贝都是白色，所以这里选用了紫色的小萝卜嫩苗，也可以根据自己的喜好选择其他种类的嫩苗。

扇贝白萝卜沙拉

• 冷藏保存 4 ~ 5 天

Scallop and "daikon" salad

扇贝本身的鲜味因为与调味汁的融合，随着时间的流逝变得更加浓厚。
吃的时候，将水灵灵的白萝卜丝和沾满调味汁的扇贝充分混合后再开始享用吧。

【材料】240ml 瓶 1 个的分量

❶ 蛋黄酱调味汁（→ p.13）…1 大勺

❷ 小番茄（纵切 4 等分）…3 个

蟹肉（罐头）…30g

❸ 玉米粒（罐头）…4 大勺（40g）

❹ 意式通心粉（自己喜欢的短意面也可以）…10g

黄瓜（切丝）…1/3 根

其他…适量盐、橄榄油

【制作方法】

将通心粉等短的意面放入加了盐的热水中煮熟，沥干水分，拌上一些橄榄油，放凉。

按照❶ ⇨ ❷ ⇨ ❸ ⇨ ❹ 的顺序将准备好的食材放入沙拉罐中。

盖好盖子，放入冰箱冷藏保存。

小贴士

关于意面种类，这里使用的是“penne”，斜切短通心粉。煮过的通心粉放凉之后容易粘在一起，秘诀是煮好之后立刻拌上少量橄榄油。

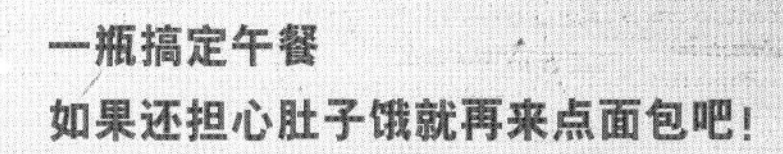

一瓶搞定午餐
如果还担心肚子饿就再来点面包吧！

蟹肉玉米通心粉沙拉

• 冷藏保存 3 ~ 4 天

Macaroni salad with crab and corn

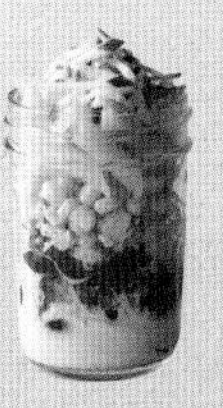

一瓶中集合了蔬菜、蟹肉、通心粉等多种食材，应对繁忙的午饭时间也没问题。蟹肉的鲜味和玉米的甜味带来味觉的张弛有度，不一会儿就能吃光。

因为食材种类丰富，
特别适合招待客人或者带
去参加聚会

缤纷尼斯沙拉

Colorful "salad nicoise"

● 冷藏保存 2 ~ 3 天
（鹌鹑蛋和虾后放，
可以保存 4 ~ 5 天）

颜色各异的蔬菜搭配上鹌鹑蛋、虾仁等丰富食材，是一款适合聚会的分量十足的沙拉。
法国尼斯风的组合方式，黑橄榄是不可或缺的存在。
用 480ml 的大瓶做了招待朋友们一起吃吧。

【材料】480ml 瓶 1 个的分量

❶ 蛋黄酱调味汁（→ p.13）…2 大勺
❷ 番茄※（切成 2cm 小方块）…1 个（约 120g）
❸ 土豆（中等大小，切成 2cm 小方块）…1 个
西兰花（掰小朵）…30g
玉米粒（罐头）…2 大勺
❹ 黑橄榄片…适量
帕玛森奶酪粉…适量
鹌鹑蛋※（煮熟后竖切两半）…4 个
虾（中等大小）…4 ~ 6 只
其他…适量盐

※ 用 10 ~ 12 个小番茄竖切 4 等分代替也可以。
※ 也可以用煮鸡蛋代替，切小块散落放置。

【制作方法】

土豆和西兰花提前用盐水煮过，大虾焯熟、剥壳。
以上食材沥干水分，稍稍放凉。
按照❶ ⇨ ❷ ⇨ ❸ ⇨ ❹的顺序将食材放入沙拉罐中。
盖好盖子，放入冰箱冷藏保存。

◎想要保存更久，之前的步骤不变，❹中的鹌鹑蛋和虾留到食用当日或前日再加入，这样可以冷藏保存 4 ~ 5 天。

小贴士

“只做一瓶而已，还要专门煮熟土豆觉得有点麻烦呢……”这时只需要将土豆包上保鲜膜，微波炉（600W）加热 3 分钟，然后剥皮切开即可。

带去参加聚会，
肯定会成为大家的话题，
人气调味汁的海洋风味沙拉！

意式鲜虾沙拉

"Bagna Cauda" salad with shrimp

- 冷藏保存 2 ~ 3 天
（鹌鹑蛋和大虾后放，可以保存 4 ~ 5 天）

在日本也有很高人气的 Bagna càuda，
原本是指蔬菜搭配凤尾鱼风味酱的一种意大利料理。
经过重新搭配，做成海味满满的大虾沙拉，一定会在朋友中大受欢迎。

【材料】240ml 瓶 1 个的分量

❶ 蛋黄酱调味汁（→ p.13）…1 大勺
凤尾鱼（切碎）…1 枚
蒜蓉…1/4 小勺
牛奶…1/2 小勺
❷ 紫皮洋葱（切碎）…1/4 个
❸ 黑橄榄（切成轮状）…20g
❹ 西兰花（掰小朵）…40g
大虾…6 ~ 8 只
鹌鹑蛋※（煮熟后纵切两半）…3 个
其他…适量盐

※ 也可以用煮鸡蛋代替，切小块散落放置。

【制作方法】

西兰花提前用盐水煮过，大虾焯熟、剥壳。
以上食材沥干水分，稍稍放凉。
按照❶ ⇨ ❷ ⇨ ❸的一半 ⇨ ❹中的西兰花 ⇨ ❸的另一半 ⇨ ❹中剩余材料的顺序将食材放入沙拉罐中。盖好盖子，放入冰箱冷藏保存。

◎想要保存更久，之前的步骤不变，❹中的鹌鹑蛋和虾留到食用当日或前日再加入，这样可以冷藏保存 4 ~ 5 天。

小贴士

会浸到调味汁的紫皮洋葱是隐藏的小魔法。洋葱碎渗出的水分不仅令颜色变得更可爱，也会融合凤尾鱼的鲜味和盐分。把凤尾鱼稍稍打成糊状也不错。

满满的金枪鱼，嚼劲十足的
熟食店洋风沙拉

金枪鱼西芹莳萝沙拉

● 冷藏保存 4 ~ 5 天

Tuna, celery and dill salad

加入了香草的沙拉，会让人感觉时髦又有品味。
将香气清爽的莳萝放在最上层再盖上瓶盖，
整瓶都会沾染到淡淡的清香。
吃的时候可以夹在纽约风格的皮塔饼中，也可以尝试盛在切开的法棍上，
瞬间拥有咖啡店般的氛围。

【材料】240ml 瓶 1 个的分量

❶ 蛋黄酱调味汁（→ p.13）…1 大勺
❷ 金枪鱼（罐头）※…1/2 罐
❸ 西芹（横向薄切）…1/2 根（70g）
❹ 西芹叶（粗切）…1/2 根
　 莳萝（用手撕碎）…2 根

※ 金枪鱼罐头中的油分不用处理，直接使用即可。

【制作方法】

按照❶ ⇨ ❷ ⇨ ❸ ⇨ ❹的顺序将食材放入沙拉罐中。
盖好盖子，放入冰箱冷藏保存。
吃的时候摇一摇罐子，倒出食材拌匀。
可以夹在皮塔饼等面包中品尝。

小贴士

芹菜是冰箱中很容易有剩余的蔬菜，推荐做成这款沙拉。金枪鱼罐头里的油汁带有鱼的鲜味和盐分，千万不要浪费，一起装进瓶中吧，它可以增加浓郁度和咸香，让沙拉更加美味，是会成为亮点的“隐藏之味”。

卷心菜金枪鱼芝麻沙拉

• 冷藏保存 3 ~ 4 天

Cabbage salad with tuna and sesame

芝麻的醇香点缀新鲜爽脆的卷心菜，能让人一口气吃下很多很多。煮鸡蛋和金枪鱼则增添了不同的口感。就好像百货公司地下食品柜台出售的让人十指大动的沙拉一样。

用芝麻增加香味和营养
每天都想吃的一道菜！

【材料】240ml 瓶 1 个的分量

❶ 蛋黄酱调味汁（→ p.13）…1 大勺
　黑芝麻碎…少许
❷ 金枪鱼（罐头）※…1/2 罐
❸ 卷心菜（切成粗碎）…1 ~ 2 片（50g）
❹ 紫皮洋葱（切碎）…1/8 个
　煮鸡蛋（切成小块）…1/2 个
　黑芝麻碎…少许

※ 金枪鱼罐头中的油分不用处理，可以直接使用。

【制作方法】

按照❶ ⇨ ❷ ⇨ ❸ ⇨ ❹的顺序将食材放入沙拉罐中。
盖好盖子，放入冰箱冷藏保存。

小贴士

黑芝麻或白芝麻都可以，请根据自己的喜好随意选择。白芝麻颜色干净漂亮，味道上乘；黑芝麻则可以增添差异化的色彩，味道也更浓郁。总而言之，芝麻是一种营养价值丰富的好食材。

干萝卜丝金枪鱼沙拉

● 冷藏保存 4～5 天

"Kiriboshidaikon" salad with tuna and mayonnaise

干萝卜丝配蛋黄酱？！可能会让人感到不可思议的搭配，其实也非常美味。带有微微甜味又有嚼劲的干萝卜丝，加入浓郁的金枪鱼，就像煮鸡肉一样。做好了可以马上吃掉，也可以保存起来的一款独特沙拉。

【材料】240ml 瓶 1 个的分量

❶ 蛋黄酱调味汁（→ p.13）…1 大勺
　日式黄芥末酱…少许

❷ 小番茄（纵切 4 等分）…5 个
　金枪鱼（罐头）※1…1/2 罐

❸ 干萝卜丝（干燥）…7g

❹ 毛豆 ※2…15 根

其他…适量盐

※1 金枪鱼罐头中的油分不用处理，可以直接使用。
※2 冷冻品也可以。

【制作方法】

干萝卜丝用水轻轻洗净，热水煮 4 分钟，直接在煮过的水中放置 10 分钟软化。之后攥干水分，粗切小条。毛豆用盐水煮熟，剥出豆子。各自放凉。按照❶ ⇨ ❷ ⇨ ❸ ⇨ ❹的顺序将食材放入沙拉罐中。盖好盖子，放入冰箱冷藏保存。

小贴士

“朋友忽然要来怎么办……”这样的时候，迅速做好这款快手沙拉来招待朋友最合适不过了。刚做好的沙拉，作为啤酒或白葡萄酒的健康下酒菜一样可口。

想都不用想，
就会被它可爱的身影吸引，
作为聚会小食也很推荐！

凤尾鱼土豆沙拉

● 冷藏保存 3 ~ 4 天

Anchovy potato salad

将土豆轻轻压碎，搭配凤尾鱼风味的调味汁，
带有微微黏稠的感觉，正是这款沙拉的美味所在。
水灵灵的黄瓜和鲜美的彩椒也能完美地融合起来。

【材料】240ml 瓶 1 个的分量

❶ 蛋黄酱调味汁（→ p.13）…1 大勺
凤尾鱼（切碎）…1 枚
蒜蓉…1/4 小勺
❷ 土豆（切成 5mm 厚的半圆片）…1/2 个
❸ 黄瓜（切薄圆片）…1/2 根（50g）
❹ 红彩椒（薄切）…1/3 个（50g）
欧芹（切碎）…适量
其他…适量盐

【制作方法】

土豆用盐水煮熟，控干水分放凉。
按照❶ ⇨ ❷ ⇨ ❸ ⇨ ❹的顺序将食材放入沙拉罐中。
盖好盖子，放入冰箱冷藏保存。

小贴士

蛋黄酱和凤尾鱼的浓厚滋味，让人很想搭配白葡萄酒享用。也可以把土豆煮到十分软烂后捣碎，或者用南瓜代替，同样好吃。土豆切成一口大小后微波炉加热，更加简单方便。

莲藕鸡胸肉沙拉

Lotus root and chicken salad

- 冷藏保存 2～3 天
（鸡胸肉后放，可以保存 4～5 天）

牛蒡鸡胸肉沙拉

Burdock and chicken salad

- 冷藏保存 2～3 天

和风蛋黄酱沙拉与饭团搭配也很美味！

可以充分补充人体容易缺少的食物纤维，开心！

莲藕鸡胸肉沙拉

爽脆的莲藕搭配柔软鸡胸肉的健康沙拉。加入满满芝麻的调味汁和口味清淡的四季豆融合在一起，美味加分！

【材料】240ml 瓶 1 个的分量

❶ 蛋黄酱调味汁（→ p.13）… 1 大勺
白芝麻碎… 1 小勺
❷ 莲藕（去皮切成 5mm 片）…1 小节（80g）
❸ 四季豆（切成 2cm 小条）…10 根（100g）
❹ 熟鸡胸肉※（用手撕开）…1/6 枚鸡胸
其他…少量醋、适量盐

※ 鸡胸肉 1 块、水 1/2 杯、酒 2 大勺一起放入平底锅，盖上锅盖，中小火蒸煮 10 ~ 15 分钟。在锅中静置和着汤汁晾凉。

【制作方法】

莲藕用加了少许醋的开水煮熟，
四季豆用盐水煮熟。
各自控干水分晾凉。
按照❶ ⇨ ❷ ⇨ ❸ ⇨ ❹的顺序将食材放入沙拉罐中。
盖好盖子，放入冰箱冷藏保存。

◎鸡胸肉在食用当日或前一日再放入，可以冷藏保存 4 ~ 5 天。

小贴士

主要材料是根茎类蔬菜，所以不仅可以搭配面包，饭团也是很好的选择！

牛蒡鸡胸肉沙拉

鸡胸肉脂肪较少，虽然清淡，吃起来却也有满足感，所以最适合追求健康的饮食。鸡肉淡淡的鲜美与牛蒡深邃的滋味非常合拍。虽然保鲜期只有 2 ~ 3 天，但鸡肉与调味汁融合后，会变得更加好吃。

【材料】240ml 瓶 1 个的分量

❶ 蛋黄酱调味汁（→ p.13）…1 大勺
❷ 牛蒡（斜切 2mm 厚的薄片）…20g
❸ 熟鸡胸肉※（用手撕开）…1/6 枚鸡胸
玉米粒（罐头）…3 大勺（30g）
❹ 水菜（粗略切段）…1/3 棵

【制作方法】

牛蒡煮熟，控干水分晾凉。
按照❶ ⇨ ❷ ⇨ ❸ ⇨ ❹的顺序将食材放入沙拉罐中。
盖好盖子，放入冰箱冷藏保存。

小贴士

牛蒡的美味藏在皮的下面，所以不要去皮，用洗碗的刷子等仔细将表面的泥土冲刷干净就好。如果密封效果好，牛蒡即使浸到调味汁也不容易变色，无须醋水处理。牛蒡竖着装罐会更可爱。

菜花橄榄黑白沙拉

• 冷藏保存 4 ~ 5 天

Cabbage salad with tuna and sesame

口感绵软又带有甜味的菜花是沙拉界的明星食材。
利用那抹温润的白色做个时髦雅致的黑白罐沙拉吧。
加一些奶酪，增添浓郁的口感。

黑白色调
像大人的成熟感

【材料】240ml 瓶 1 个的分量

❶ 蛋黄酱调味汁（→p.13）…1 大勺
❷ 菜花（掰小朵）…1/3 棵（100g）
❸ 黑橄榄（切成轮状）…40g
❹ 帕玛森奶酪粉…适量
其他…适量盐

【制作方法】

菜花用盐水煮熟，控干水分晾凉。
按照❶ ⇨ ❷的一半 ⇨ ❸的一半 ⇨ ❷的另一半 ⇨ ❸的另一半 ⇨ ❹的顺序将食材放入沙拉罐中。
盖好盖子，放入冰箱冷藏保存。

小贴士

无论从色、形、味哪个方面来说，黑橄榄都是罐沙拉制作中不可或缺的材料。也有现成的去核轮状黑橄榄售卖，用起来十分方便。不妨试试盛在帕玛森奶酪的薄片上享用吧。

小番茄蘑菇沙拉

● 冷藏保存 3 ~ 4 天

Red and white salad

罐沙拉即使只有简单的两种颜色也可以这么可爱！
选用脂肪含量较少的白色奶酪，既健康又有嚼劲。
蘑菇尽可能切薄，可以轻松贴在瓶壁上，更易入味。

【材料】240ml 瓶 1 个的分量

❶ 蛋黄酱调味汁（→ p.13）…1 大勺
❷ 小番茄 ※1（纵切 4 等分）…6 个
❸ 白蘑菇（生吃，薄片）…3 ~ 5 个
❹ 马苏里拉奶酪 ※2（粗切）…适量
其他…适量盐

※1 选用黄色的小番茄也会很可爱。
※2 也可以用再制奶酪（Processed cheese）代替。

【制作方法】

按照❶ ⇨ ❷的一半 ⇨ ❸ ⇨ ❷的 1/4 ⇨ ❹ ⇨ ❷的剩余 1/4 的顺序将食材放入沙拉罐中。
盖好盖子，放入冰箱冷藏保存。

小贴士

最近市场上也能见到橘色的、黄色的小番茄，带着罐沙拉去参加聚会时，可以尝试不同的颜色组合。

甜甜的南瓜配上奶酪
小朋友们会超开心！

南瓜奶油奶酪沙拉

• 冷藏保存 4 ~ 5 天

Pumpkin and cream cheese salad

男女老少都会喜欢的味道，带去野餐或参加家庭聚会最合适了。
用 480ml 的大瓶制作准没错！
午饭时，用细长的勺子或筷子伸进罐中搅拌均匀，就那么直接开动吧！

【材料】240ml 瓶 1 个的分量

❶ 蛋黄酱调味汁（→ p.13）…1 大勺
❷ 紫皮洋葱（切碎）…1/4 个
❸ 南瓜（切薄片）…150g
葡萄干…20 粒
❹ 奶油奶酪（捏成小块）…40g
其他…适量葡萄干

【制作方法】

南瓜煮熟，或者用微波炉（600W，2 分 30 秒 ~ 3 分钟）加热，控干水分后晾凉。按照❶ ⇨ ❷ ⇨ ❸ ⇨ ❹的顺序将食材放入沙拉罐中，最后放几粒葡萄干作为装饰。盖好盖子，放入冰箱冷藏保存。

小贴士

浸到调味汁的紫洋葱会变成可爱的颜色，味道也会变甜，小朋友都喜欢。涂在面包上做成开放式三明治也很不错。吃的时候从罐中取出来，好好搅拌均匀，请尽情享用吧。

AND MORE LESSON 1

请告诉我！漂亮装瓶的秘诀

罐沙拉的魅力之一，正是它可爱又漂亮的外观。

色彩缤纷的蔬菜透过玻璃罐展现着层叠变幻的美丽身姿，带去参加家庭聚会时只要那么摆出来，就一定会吸引大家的目光。

所以请充分利用像秋葵、水萝卜、莲藕这样横断面非常可爱的蔬菜。先在瓶壁转圈贴上一周，剩下的食材装进中间就可以了。这样蔬菜的形状可以更好地得到展示。

强烈推荐前端较细的筷子，它可以更细致地调整食材的位置。

蔬菜原有的颜色就已经很美了，所以即使只是粗略地装进瓶中也不要紧，反而有一种自然随意的感觉！

简单清爽

法式油醋汁

Sauce vinaigrette 是法国料理中最基本的沙拉调味汁，它简单的味道能使蔬菜原本的美味得到充分发挥。白葡萄酒醋的清爽酸味非常适合西洋风蔬菜，还可以保持蔬菜鲜艳的颜色。

丰富多彩的颜色和形状
一定能得到欢呼，
绝无失败的聚会之王

粉红西柚萝卜藜麦沙拉

● 冷藏保存 4 ~ 5 天

Colorful layered salad

含有丰富矿物质和维生素的粗粮藜麦最近极受瞩目。
虽然吃起来总感觉有点困难，
但是搭配上黏稠顺滑的秋葵和清爽多汁的西柚，就会不可思议地吃掉很多。

【材料】480ml 瓶 1 个的分量

❶ 法式油醋汁（→ p.13）… 1 大勺
❷ 紫皮洋葱（切碎）…1/4 个
❸ 秋葵（切成 7mm 宽的段）…4 根
　粉红西柚（取出果肉自然散开）…1/3 个
　藜麦…20g
❹ 樱桃萝卜（切薄片）…4 个
　芝麻菜（用手撕成一口大小）…10 根（20g）

【制作方法】

藜麦用足量的热水煮 10 ~ 15 分钟，控干水分后晾凉。
按照❶ ⇨ ❷ ⇨ ❸ ⇨ ❹的顺序将食材放入沙拉罐中。
盖好盖子，放入冰箱冷藏保存。

小贴士

藜麦如果搭配有一定黏稠度的食材，就会变得容易入口了。秋葵也可以用切成细长条的山药代替。

五颜六色的蔬菜和水果，在家庭聚会上也会大受欢迎！

盐味和橙子的酸味都很温和
有多少都可以吃光

甜橙胡萝卜沙拉

● 冷藏保存 4 ~ 5 天

Carrot rappe with orange

源自法国的经典款腌制沙拉。
要想保持胡萝卜爽脆的口感和新鲜的香味，
需要防止底部的调料汁向上渗透，所以在中间夹上一层不易吸水的核桃仁。

【材料】240ml 瓶 1 个的分量

❶ 法式油醋汁（→ p.13）… 1 大勺
颗粒芥末酱…少许
❷ 甜橙（去皮，将果肉切成一口大小）…2/3 个（果肉 100g）
❸ 核桃仁（粗略切开）…10g
胡萝卜（切丝）…1/2 根（50g）
❹ 薄荷…5 ~ 6 片

【制作方法】

按照❶ ⇨ ❷ ⇨ ❸ ⇨ ❹的顺序将食材放入沙拉罐中。
盖好盖子，放入冰箱冷藏保存。

小贴士

这款沙拉也可以用酱油调味汁（→ p.13）来做。酱油调味汁 1 大勺，1/2 个橙子的果肉切成一口大小，胡萝卜 1/2 根切薄片，续随子 1 大勺，重叠放入即可。

菲达奶酪是决定味道的关键，
就这样单纯地享用蔬菜吧！

希腊风沙拉

● 冷藏保存 2 ~ 3 天
（菲达奶酪后放，可以保存 4 ~ 5 天）

菲达奶酪的风味主要来自盐分和奶酪的浓郁口感。
番茄、黄瓜和奶酪一起品尝，鲜爽多汁的美味会在口中扩散。
请一定要用勺子来吃。

【材料】240ml 瓶 1 个的分量

❶ 法式油醋汁（→ p.13）… 1 大勺
❷ 紫皮洋葱（切碎）…1/4 个
番茄（切成 1.5cm 小方块）…1/2 个（70g）
❸ 黄瓜（切成 1.5cm 小方块）…1 小根（90g）
❹ 菲达奶酪※（粗切）…10g

※ 用羊、山羊和水牛的奶制成的希腊奶酪会含有适量的盐分。
也可以蓝纹奶酪或再制奶酪代替。

【制作方法】

按照❶ ⇨ ❷ ⇨ ❸ ⇨ ❹的顺序将食材放入沙拉罐中。
盖好盖子，放入冰箱冷藏保存。

◎想要保存时间更长，可以在食用当日或前日再放入
菲达奶酪，可以保存 4 ~ 5 天。

小贴士

希腊料理现在在美国十分流行！风味十足的菲达奶酪在超市很容易就能买到。如果居住地较难入手，不妨用含有一定盐分又比较柔软的其他奶酪代替。

芦笋马苏里拉奶酪沙拉

•冷藏保存 2 ~ 3 天

Asparagus rapee with mossarella cheese

尽管只有简洁明亮的 3 种颜色，仍然十分吸引目光。
1 人份的小瓶竟然也能放下 3 根芦笋。
混合之后奶酪会变得像调味汁一样，美味升级。

【材料】240ml 瓶 1 个的分量

❶ 法式油醋汁（→ p.13）… 1 大勺
❷ 黄彩椒（薄切）…1/2 个（70g）
❸ 马苏里拉奶酪（切成细长条）…1/3 个（40g）
❹ 芦笋（去除根部，用工具削成薄片）…3 根
水芹 ※（粗略切开）…2 根

※ 也可以用欧芹代替。

【制作方法】

芦笋用热水稍稍焯过，控干水分后晾凉。
按照❶ ⇨ ❷ ⇨ ❸ ⇨ ❹的顺序将食材放入沙拉罐中。
盖好盖子，放入冰箱冷藏保存。

带给人洁净和清爽感的
黄色、白色和黄绿色，
层层叠叠是决胜关键

小贴士

黄绿色的芦笋浸到水分容易变黑，要用彩椒阻隔水分。带出门的时候请注意不要横放或倾倒。

生火腿卡门贝尔奶酪沙拉

● 冷藏保存 2 ~ 3 天
（生火腿和奶酪后放，可保存 4 ~ 5 天）

Coleslaw salad with prosciutto and camembert

即使只是生火腿和卡门贝尔奶酪，
就已经能当作白葡萄酒的下酒菜了。
再加上生脆爽口的卷心菜，让品酒变得更有乐趣。
当然搭配面包当午餐吃也同样合适。

经典的组合
适合葡萄酒的大人味道

【材料】240ml 瓶 1 个的分量

❶ 法式油醋汁（→ p.13）…1 大勺
❷ 紫皮洋葱※（切碎）…1/8 个
❸ 卷心菜（粗略切碎）…1 ~ 2 片（60g）
❹ 卡门贝尔奶酪（掰成小块）…1/3 个
生火腿（撕成一口大小）…3 ~ 5 片

※ 普通的洋葱也可以。

【制作方法】

按照❶ ⇨ ❷ ⇨ ❸ ⇨ ❹的顺序将食材放入沙拉罐中。
盖好盖子，放入冰箱冷藏保存。

◎如果希望延长保存时间，装瓶时只做到步骤❸，可冷藏保存 4 ~ 5 天，食用当日或前日再加入奶酪和火腿即可。

小贴士

作为 2 ~ 3 人的下酒菜，240ml 一瓶的分量已经足够。从瓶中取出装盘，将卷心菜和调味汁充分混合，与葡萄酒十分相配。

爽脆土豆沙拉

• 冷藏保存 3 ~ 4 天

Potato crisp salad

土豆快速煮至稍透明，口感脆脆的。
配上青紫苏叶的清爽和火腿的鲜味，
即使是容易感到单调的土豆也怎么都吃不腻了。

【材料】240ml 瓶 1 个的分量

❶ 法式油醋汁（→ p.13）…1 大勺
❷ 黄瓜（切丝）…1/2 根（50g）
❸ 土豆（中等大小，去皮擦丝）…1 个
❹ 青紫苏叶（切丝）… 4 片
火腿（切成短条）…2 ~ 3 片

【制作方法】

土豆煮大约 1 分钟，变透明后迅速捞出，控干水分晾凉。
按照❶ ⇨ ❷ ⇨ ❸ ⇨ ❹的顺序将食材放入沙拉罐中。
盖好盖子，放入冰箱冷藏保存。

材料都处理成细条，
充分拌匀后品尝吧！

小贴士

无论给谁端出这样的料理都会收获好评！小小的瓶子能装下一整个土豆，再加个小面包，作为午餐也能吃得饱饱的。土豆切开后如果不马上煮，记得泡在清水中防止变色。

章鱼与土豆
分量十足的菜肴沙拉

章鱼土豆罗勒沙拉

● 冷藏保存 1 ~ 2 天
（煮章鱼后放，可保存 4 ~ 5 天）

Octopus, potato, and basil salad

制作这款沙拉时，不要把所有材料都装入瓶中，
将不易保存的煮章鱼留到食用当日或前日再放入吧。
与吸收了调味汁的土豆一起食用，味觉的平衡感会变得更好。

【材料】240ml 瓶 1 个的分量

❶ 法式油醋汁（→ p.13）…1 大勺
❷ 洋葱（切碎）…1/8 个
❸ 土豆…1 个
❹ 罗勒叶…3 ~ 6 片
煮章鱼（切成一口大小）…60g

【制作方法】

土豆洗净连皮包上保鲜膜，微波炉（600W）
加热 2 分 30 秒 ~3 分钟后晾凉。
去皮后切成一口大小。
按照❶ ⇨ ❷ ⇨ ❸ ⇨ ❹的罗勒叶的顺序将食
材放入沙拉罐中。
盖好盖子，放入冰箱冷藏保存。
食用当日或前日再加入煮章鱼。

◎如果一两天内就吃，煮章鱼也可以一起装瓶。

小贴士

土豆切成 5mm 厚的半月形，放入平底锅中用橄榄油煎熟也会很美味。另外，罗勒叶如果沾了水或者用菜刀切过后容易发黑，所以直接放在最上层即可，清新的香味可以保持数日。

凤尾鱼生菜沙拉

●冷藏保存 4 ~ 5 天

Anchovy and lettuce salad

主角生菜放在最上层保持鲜脆的口感，
食用时与凤尾鱼充分混合吸取鲜味，
虽然简单却是让人着迷的美味。

搭配凤尾鱼的鲜美与盐味
可以吃掉很多生菜

【材料】240ml 瓶 1 个的分量

1. 法式油醋汁（→ p.13）…1 大勺
   凤尾鱼（切碎）…1 枚
2. 洋葱（粗切小丁）… 1/8 个
3. 玉米粒（罐头）… 5 大勺（50g）
4. 生菜（粗略切开）…1/6 个（60 ~ 80g）

【制作方法】

按照1 ⇨ 2 ⇨ 3 ⇨ 4的顺序将食材放入沙拉罐中。
盖好盖子，放入冰箱冷藏保存。

小贴士

凤尾鱼也可以稍微打成糊状。生菜切得细碎一点，更容易直接从瓶中吃，作为午餐同样适合。如果打算直接用瓶子食用，生菜可以适当少装些。

根菜罗勒沙拉

• 冷藏保存 4 ~ 5 天

Root vegetable and basil salad

小番茄的美味和罗勒清爽的香气相结合，
容易生厌的根菜也变得无论多少都吃不腻了。
将蔬菜的断面贴在瓶壁上，更能表现出形状的美感。

【材料】240ml 瓶 1 个的分量

1. 法式油醋汁（→ p.13）…1 大勺
2. 迷你番茄（纵切 4 等分）…3 个
3. 莲藕（去皮切薄片）…1/2 节（60g）
   牛蒡（斜切薄片）…1/4 根（40g）
4. 罗勒叶…4 小片

【制作方法】

莲藕和牛蒡快速焯熟，控干水分，略微晾凉。
按照❶ ⇨ ❷ ⇨ ❸ ⇨ ❹的顺序将食材放入沙拉罐中。
盖好盖子，放入冰箱冷藏保存。

有嚼劲的根菜与
柔软的罗勒叶
出乎意料的美味

小贴士

莲藕和牛蒡请尽量切薄片。不太容易与调味汁融合的根菜，薄片能更快入味。

西梅菠菜沙拉

• 冷藏保存 4 ~ 5 天

Prune and spinach salad

西梅的酸甜融入调味汁，使沙拉的味道更加丰富和浓厚。
有浓度的调味汁更容易与蔬菜融合，不知不觉就为身体补充了很多黄绿色蔬菜。

西梅和菠菜搭配的
补铁沙拉

【材料】240ml 瓶 1 个的分量

❶ 法式油醋汁（→ p.13）…1 大勺
❷ 西梅（切成小丁）…2 ~ 3 个（30g）
❸ 红彩椒（切薄）…1/2 个（70g）
❹ 沙拉菠菜※（用手撕碎）…2 ~ 3 棵（40g）

※ 使用芝麻菜或生菜也可以。

【制作方法】

按照❶ ⇨ ❷ ⇨ ❸ ⇨ ❹的顺序将食材放入沙拉罐中。
盖好盖子，放入冰箱冷藏保存。

小贴士

西梅要仔细地切成小碎块，这样味道才能融入调味汁。不知何故西梅会残留有葡萄般的香气，与红酒更是绝配，请一定作为下酒菜品尝一下。

【材料】240ml 瓶 1 个的分量

① 法式油醋汁（→ p.13）…1 大勺
蒜蓉…1/2 小勺

② 芹菜（横向薄切）…1/3 根（40g）
红菜头※（罐头，切成 1.5cm 小方块）…1/3 个（40g）

③ 土豆（切成 1.5cm 小方块）…1/2 个（50g）

④ 火腿（切成一口大小）…2 片
欧芹（粗切碎）…适量

※ 新鲜的红菜头煮软后切成 1.5cm 小方块也可以。

【制作方法】

将土豆块用保鲜膜包好，微波炉（600W）加热 1 分半钟，晾凉。
按照① ⇨ ② ⇨ ③ ⇨ ④的顺序将食材放入沙拉罐中。
盖好盖子，放入冰箱冷藏保存。

俄式沙拉

冷藏保存 3 ~ 4 天

Russian salad

土豆和红菜头等色彩各异的食材层叠起来，
是对俄罗斯经典料理“鲱鱼沙拉”的再创作。
虽然是在日本不太常见的红菜头，
但因为其独特的甜味和颜色而不可或缺。

小贴士

红菜头浓烈的甜味好像不怎么受到众人的欢迎，不过和调味汁混合后，甜味不可思议地变淡了，更容易食用，调味汁也会变成漂亮的紫色。

能成为家中小酌时的下酒菜，
牛肉和水芹的苦味很般配
大人的沙拉

烤牛肉水芹沙拉

• 冷藏保存 4 ~ 5 天
（烤牛肉最初放入，可保存 1 ~ 2 天）

Roast beef and watercress salad

美式沙拉中常常会使用烤牛肉。
因为非常有嚼劲和口感，所以不仅是午餐，
作为晚餐的沙拉也很不错。
作为与牛肉很搭配的红酒的下酒菜当然也很适宜。

【材料】240ml 瓶 1 个的分量

① 法式油醋汁（→ p.13）…1 大勺
② 紫皮洋葱※（切成碎丁）…1/8 个
③ 玉米粒（罐头）…4 大勺（40g）
④ 水芹（去除茎的较硬部分后撕成一口大小）…1/2 把
烤牛肉（切成一口大小）…2 片（40 ~ 50g）

※ 也可以用普通洋葱代替。

【制作方法】

按照① ⇨ ② ⇨ ③ ⇨ ④中的水芹的顺序将食材放入沙拉罐中。
盖好盖子，放入冰箱冷藏保存。
食用当日或前日再加上④中的烤牛肉。

◎ 1 ~ 2 天内就吃，烤牛肉也可以一起装瓶。

小贴士

招待客人时，参考图片中，先将烤牛肉取出铺在盘底，再翻转沙拉罐倒出剩余食材，会比较漂亮。家庭聚会时推荐使用 480ml 瓶制作。

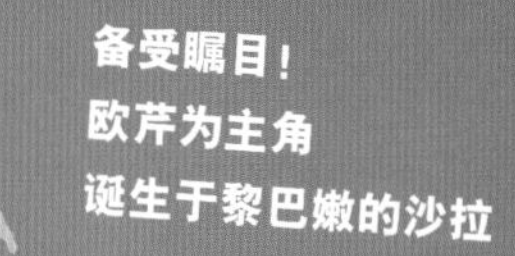
备受瞩目！
欧芹为主角
诞生于黎巴嫩的沙拉

塔布雷沙拉

●冷藏保存 4 ~ 5 天

Tabouli

美国的副食店中常出现的一款沙拉。
能够补充维生素 C 和铁的欧芹，
在素食主义者和健康饮食者中很有人气。
即使对欧芹的干涩口感有些犹豫，也因为麦片的加入而变得容易接受。

【材料】240ml 瓶 1 个的分量

❶ 法式油醋汁（→ p.13）…1 大勺
❷ 百里香（新鲜）※1…3 根
洋葱（切成碎丁）…1/8 个
小番茄（纵切 4 等分）…3 个
❸ 麦片 ※2…25g
❹ 欧芹（只要叶子部分，切碎）…1 根（叶 10g）
薄荷叶（如果有的话）…适量

※1 如果没有新鲜百里香，也可用干燥的代替。
※2 p.47 使用的藜麦或者北非的 couscous 也可代替。
Couscous 是北非的一种小麦制成的形似小米的食物。——译者注

【制作方法】

麦片用足量热水煮软，控干水分，稍稍晾凉。
按照❶ ⇨ ❷ ⇨ ❸ ⇨ ❹中的顺序将食材放入沙拉罐中。

小贴士

百里香沿着瓶壁纵向放入，造型会更可爱。
用勺子混合后直接用沙拉罐吃也 OK。

做成腌制风沙拉
让烤蔬菜更美味

烤蔬菜沙拉

• 冷藏保存 4 ~ 5 天

Grilled vegetable salad

正因为调味汁简单，我们可以直接领略到蔬菜纯粹的甜味。
调味汁与食材融合之后放入冰箱保存，食材也能进行轻微的腌渍，
味道会变得更浓郁，格外突出。
这是比基本制作方法更简单，只需要 3 个步骤的菜谱。

【材料】240ml 瓶 1 个的分量

❶ 法式油醋汁（→ p.13）…1 大勺
❷ 小番茄（纵切 4 等分）…3 个
❸ 南瓜（切成 5mm 厚的圆角片）…70g
红薯（切成 5mm 厚的圆片）…70g
西葫芦（切成 5mm 厚的圆片）…1/2 根
其他…适量橄榄油

【制作方法】

用较大的平底锅，倒入橄榄油加热，将南瓜、红薯、
西葫芦一起煎熟至表面出现焦色，稍稍晾凉。
按照❶ ⇨ ❷ ⇨ ❸的顺序将食材放入沙拉罐中，盖好盖
子轻轻摇晃，全部食材沾上调味汁后放入冰箱冷藏保存。

小贴士

红薯的种类很多，只用最普通的也可以。
不过种子岛产的“安纳芋”烤过以后非
常甜，是会让人惊讶的好吃！

煎蘑菇沙拉

Grilled mushroom salad

• 冷藏保存 4 ~ 5 天

根菜腌制沙拉

Marinated root vegetable salad

• 冷藏保存 4 ~ 5 天

浓厚的鲜味和香气
会让人充满"吃了很多蘑菇啊！"的感觉！

单纯地享受根菜与蔬菜
咯吱咯吱的口感吧！

煎蘑菇沙拉

难点是蘑菇煎过之后，虽然味道和香气都会变强，口感却会变软；但是通过多汁的橘子与小番茄，再加上口感超好的芝麻菜就能得到解决！充满新鲜感，变得更像沙拉了。

【材料】240ml 瓶 1 个的分量

❶ 法式油醋汁（→ p.13）…1 大勺
❷ 橘子 ※1（小个，取出果肉稍微切开）…1 个
❸ 喜欢的蘑菇 1 ~ 2 种（去掉根部掰成一口大小）…总共半盒的量
小番茄（纵切 4 等分）…2 个
❹ 芝麻菜 ※2（撕成一口大小）…3 ~ 5 根
其他…1 小勺橄榄油

※1 也可以用橙子代替。
※2 生菜、红叶生菜、沙拉菜也可以。

【制作方法】

平底锅倒入橄榄油加热，将喜欢的蘑菇煎熟，稍稍晾凉。
按照❶ ⇨ ❷ ⇨ ❸ ⇨ ❹的顺序将食材放入沙拉罐中。
盖好盖子，放入冰箱冷藏保存。

小贴士

非常推荐利用橘子的汁液制作的一款沙拉。不像橙子那么强烈，而是温柔平和的酸甜感，与蘑菇的浓郁味道意外地吻合。余味也会令人感到十分清爽。

根菜腌制沙拉

比起一个人吃，这款沙拉更适合与二三好友一起喝着白葡萄酒时作为下酒菜，或者作为吃肉时的配菜，有种西式小泡菜的感觉。根菜不易入味，所以要使全部食材沾到调味汁后再放入冰箱，让味道更好地融入菜中。与 p.67 一样的 3 个步骤菜谱。

【材料】240ml 瓶 1 个的分量

❶ 法式油醋汁（→ p.13）…1 大勺
❷ 白萝卜泥（轻轻去除水分）…1 大勺
迷迭香…1/2 根
❸ 胡萝卜（切成薄圆片）…小 1/2 根（40g）
莲藕（去皮切成薄片）…1/4 节（30g）
菜花（掰小朵）…50g
其他…少许盐

【制作方法】

菜花用盐水煮熟、莲藕快速焯过，各自控干水分，稍稍晾凉。
按照❶ ⇨ ❷ ⇨ ❸的顺序将食材放入沙拉罐中，盖好盖子充分摇匀，让调味汁渗入食材中后放入冰箱冷藏保存。

小贴士

加入白萝卜泥，不仅能让调味汁变得更爽口，还能在带着沙拉罐外出时防止蔬菜晃动错位，保持形状，装瓶时蔬菜也会更容易立起来。

摩洛哥风香肠沙拉

• 冷藏保存 3 ~ 4 天

Moroccan salad with sausage

使用大家都很熟悉的香肠，制作这款简单又很有食感的菜肴沙拉。
秘诀是将香肠烤热以后马上放入瓶中的调味汁里，能使整体的美味度大幅提升。

做成腌制风沙拉
让烤蔬菜更美味

【材料】240ml 瓶 1 个的分量

❶ 法式油醋汁（→ p.13）…1 大勺
小茴香粉…一撮
❷ 香肠（切成 1.5cm 小段）…2 根
❸ 番茄（切成 1.5cm 小方块）…1/2 个
青椒（切成 2cm 小方块）…1 个
❹ 红菊苣[※1]（撕成一口大小）…1 ~ 2 片
香菜[※2]（将叶撕碎）…适量

※1 叶呈紫红色、基部呈白色的一种意大利蔬菜，有些许苦味。也可以用 1/8 个紫皮洋葱切碎代用。
※ 也可以用意大利欧芹、欧芹、百里香、紫苏叶代替。

【制作方法】

将❶装入瓶中。平底锅不用放油，把❷中的香肠煎过，趁热放入瓶中。
再按照❸ ⇨ ❹的顺序将剩余食材放入沙拉罐中，盖好盖子，放入冰箱冷藏保存。

小贴士

散发独特香味的小茴香，回味鲜美的小香肠，与有些许苦味的蔬菜堪称绝配。青椒用水芹代替也会同样好吃。如果再装入煮过的藜麦和 couscous，形成断层的效果也不错。

“和风”就交给

酱油调味汁

想吃进大量蔬菜的时候，我们最熟悉和喜爱的酱油就该登场了。让人有种安心的感觉，有多少都能吃光。这款调味汁特别适合搭配和食中常见的鸭儿芹、茼蒿等叶菜以及白萝卜、莲藕、牛蒡等根菜。制成的沙拉也很适合作为啤酒或者日本酒、烧酒等的下酒菜。

和风食材的白菜
搭配清香的柚子和酱油，
熟悉而又回味绵长的味道

柚香和风沙拉

•冷藏保存 4 ~ 5 天

Japanese coleslaw with "yuzu" flavor

虽然 Coleslaw 的固定搭配是卷心菜，这款菜谱使用同样
味道较淡的白菜进行和风的演绎。
柚子胡椒清爽的香味
和一点辣味成为点睛之笔，让人怎么都吃不腻。

【材料】240ml 瓶 1 个的分量

❶ 酱油调味汁（→ p.13）…1 大勺
柚子胡椒…少许
❷ 白菜（切段）…50g
❸ 黄瓜（切段）…1/2 根
玉米粒（罐头）…6 大勺（60g）
❹ 鸭儿芹（如果有）…少许
其他…少许盐

【制作方法】

白菜先撒盐揉搓一下，挤干水分。
按照❶ ⇨ ❷ ⇨ ❸ ⇨ ❹的顺序将食材放入沙拉罐中。
盖好盖子，放入冰箱冷藏保存。

小贴士

白菜即使不撒盐，直接用手揉搓一下减少其体量也可以。提前做好就会变得像浅渍一样，午饭时搭配饭团吃刚刚好！

萝卜沙拉

冷藏保存 4 ~ 5 天

小番茄汁液中的酸甜会融入酱油调味汁中，
令味道更加丰富，整体的美味度升级。
因为小番茄的味道浓郁，所以和清淡的白萝卜
搭配在一起时，会起到强调的作用。

【材料】240ml 瓶 1 个的分量

1. 酱油调味汁（→ p.13）…1 大勺
2. 小番茄（纵切 4 等分）…3 个
3. 白萝卜（切细丝）…100g
4. 鸭儿芹※（切段）…1/2 株
   紫苏叶（切细丝）…2 片

※ 也可以用茼蒿、水菜、沙拉菠菜代替。

【制作方法】

按照 1 ⇨ 2 ⇨ 3 ⇨ 4 的顺序将食材放入沙拉罐中，盖好盖子，放入冰箱冷藏保存。

小贴士

用作提味佐料时，一般选择鸭儿芹或紫苏叶中的一种就可以了。两种都用时，会得到更深层次的味觉享受。

干萝卜丝沙拉

冷藏保存 4～5 天

干萝卜丝不仅具有浓郁的味道和独特的口感，还能快速吸收调味汁，对于罐沙拉来说是种很便利的食材。
这款罐沙拉将多样化的口感融为一体，当作零食沙拉也很不错。

【材料】240ml 瓶 1 个的分量

① 酱油调味汁（→ p.13）…1 大勺
② 番茄（切成 1.5cm 小方块）…1/2 个
③ 莲藕（去皮后切薄圆片）…1/2 节（60g）
　干萝卜丝（干燥）…5g
④ 水菜（切小段）…1/4 棵

【制作方法】

干萝卜丝轻轻洗净，开水煮 4 分钟后，直接放在锅里浸泡 10 分钟以上。拧去水分，切小段。莲藕快速焯熟，控干水分，略微晾凉。按照①⇨②⇨③⇨④的顺序将食材放入沙拉罐中。盖好盖子，放入冰箱冷藏保存。

小贴士

使用干萝卜丝制作沙拉时，要注意提前处理让它充分变软。想要延长保存期限，更用力地拧干水分吧。

小贴士

将小鱼干用平底锅煎脆，一次用不完的部分可以冷冻保存起来。平时在料理装盘之后，可以很方便地撒在食物表面。

茼蒿小鱼干沙拉

• 冷藏保存 4 ~ 5 天

Crown daisy and dried baby sardines salad

具有独特香气又苦得让人很舒服的茼蒿，较硬的茎朝下放入瓶中，浸到调味汁稍微使其蔫软，叶子部分还会保持原有口感。再加上脆吱吱的小鱼干，顺便补充钙质。

【材料】240ml 瓶 1 个的分量

1. 酱油调味汁（→ p.13）…1 大勺
2. 洋葱（切薄片）…1/8 个
3. 茼蒿的茎（切成 2cm 长小段）…2 根的量
4. 茼蒿的叶（切成 2cm 长小段）…2 根的量

小葱（切小段）…3 根

小鱼干…3 大勺

【制作方法】

平底锅加热，将小鱼干煎脆。

按照❶ ⇨ ❷ ⇨ ❸ ⇨ ❹的顺序将食材放入沙拉罐中。

盖好盖子，放入冰箱冷藏保存。

山药芜菁紫苏粉沙拉

· 冷藏保存 4 ~ 5 天

Chinese yam and turnip salad with "shiso" flavor

与山药融合之后调味汁会变得黏稠，蔬菜也能更好地入味。
红紫苏粉的香气和盐分，更能彰显蔬菜的味道。

【材料】240ml 瓶 1 个的分量

① 酱油调味汁（→ p.13）…1 大勺
红紫苏粉…一小撮
② 山药（切成条状）…50g
③ 胡萝卜（切成条状）…1/3 根（40g）
芜菁※（切成条状）…1 个（70g）
④ 黄瓜（切成条状）…1/2 根（50g）

※ 普通的白萝卜也可以。

【制作方法】

按照① ⇨ ② ⇨ ③ ⇨ ④的顺序将食材放入沙拉罐中。
盖好盖子，放入冰箱冷藏保存。

小贴士

山药很容易与酱油味融合，作为下酒菜也很好。家里忽然来客人时可以迅速端出的一道小菜，十分方便。

金针菇油豆腐沙拉

● 冷藏保存 4 ~ 5 天

Enokimushroom and crispy "aburaage age" salad

将加热之后会渗出黏液的金针菇放入调味汁中，混合后味道更好，口感更滑，就像腌制过的一样。柔软的叶菜和脆脆的油豆腐一起，可以体会不一样的口感。

【材料】240ml 瓶 1 个的分量

1. 酱油调味汁（→ p.13）…1 大勺
2. 金针菇（去掉根部后切两半）…1/2 包
3. 嫩叶菜…1/2 袋（20 ~ 30g）
4. 油豆腐（切细条）…1/2 片

【制作方法】

金针菇用保鲜膜包好，微波炉（600W）加热 1 分钟，控干水分。油豆腐不用包保鲜膜，微波炉（600W）加热 2 ~ 3 分钟，使其变脆。各自稍微晾凉。

按照① ⇨ ② ⇨ ③ ⇨ ④的顺序将食材放入沙拉罐中。盖好盖子，放入冰箱冷藏保存。

小贴士

沙拉中如果有口感较脆食材加入，就会带来“真的吃多了！”的满足感，所以油豆腐能备受欢迎。还可以补充大豆蛋白质，营养价值加分。也可以用油煎碎面包块代替。

与饭团搭配的午餐，
又或者小酌时的下酒菜

枫糖胡萝卜金平沙拉

● 冷藏保存 4 ~ 5 天

Carrot "kinpira" kinpira salad with maple syrup

小火轻轻炒过的胡萝卜还残留脆脆的口感。这款沙拉也适合和米饭搭配。
加入枫糖糖浆的甜味，突然就变得更像一道小菜了。

【材料】240ml 瓶 1 个的分量

❶ 酱油调味汁（→ p.13）…1 大勺
❷ 枫糖糖浆※ …1/2 小勺
❸ 胡萝卜（切细丝）…1 根（100g）
❹ 细香葱（切成 4cm 小段）…5 ~ 6 根
辣椒丝（或者辣椒圈）…适量
其他…少许芝麻油、盐

※ 也可以用蜂蜜代替。

【制作方法】

平底锅倒入芝麻油加热，放入胡萝卜快速翻炒、撒盐，盛出稍微晾凉。
按照❶ ⇨ ❷ ⇨ ❸ ⇨ ❹的顺序将食材放入沙拉罐中。
盖好盖子，放入冰箱冷藏保存。

小贴士

特别想吃胡萝卜的时候这款菜谱最合适不过了。沙拉中需要生脆的口感，用擦丝器擦出胡萝卜丝更加方便。

营养健康的人气海藻，
黏黏的口感再加点叶菜吧

黏乎乎的海蕴沙拉

• 冷藏保存 4 ~ 5 天

Sticky "mozuku" salad

很简单的健康沙拉，富含矿物质的海藻是种平时不太会吃到的食材。
和能够帮助消化、同样黏黏的蔬菜一起，配着生菜叶开动吧。

【材料】240ml 瓶 1 个的分量

❶ 酱油调味汁（→ p.13）… 1 大勺
❷ 海蕴（调味）…1/2 盒（汁也不要浪费）
❸ 山药（切细条）…60g
  秋葵（切小薄片）…2 根
❹ 生菜（撕成一口大小）…1 ~ 2 片

【制作方法】

按照❶ ⇨ ❷ ⇨ ❸ ⇨ ❹的顺序将食材放入沙拉罐中。
盖好盖子，放入冰箱冷藏保存。

小贴士

做好放在冰箱里常备，休息日的午餐也会变得很简单。煮一锅荞麦面，盖上这款沙拉，再倒入一点调料汁，拌匀后就是一碗既简单快手又营养丰富的午餐面了。

用海藻制作的其他沙拉

会被说“这样吃羊栖菜也 OK！”的健康沙拉

西芹番茄羊栖菜沙拉

• 冷藏保存 4 ~ 5 天

调味汁中混合了海苔，增添海的风味

佃煮海苔沙拉

• 冷藏保存 4 ~ 5 天

白饭的好朋友，盐昆布的咸鲜味道

芜菁盐昆布沙拉

• 冷藏保存 4 ~ 5 天

海藻

海藻不仅低热量，还富含矿物质和食物纤维，是健康食材的代表。海苔、羊栖菜、昆布（海带）等和食料理中常见的食材，与酱油调味汁搭配很融洽。如果不是刻意去吃，平时很少会摄入的海藻类食物，就混合到沙拉中补充吧！

西芹番茄羊栖菜沙拉

Celery, tomato, and "hijiki" salad

和食料理中常见的小菜，羊栖菜煮物，吃时也只是小小的一钵而已。

放在这款沙拉中的羊栖菜口感不会变得太软，配合着蔬菜的多汁感，可以轻松吃掉很多。

【材料】240ml 瓶 1 个的分量

❶ 酱油调味汁（→ p.13）… 1 大勺

❷ 芹菜（切成 3～4cm 薄长条）…1/2 根（70g）

❸ 番茄（切成 1.5cm 小方块）…1/2 个（70g）

❹ 羊栖菜（干燥）…4g

【制作方法】

干燥的羊栖菜用水泡发，快速焯熟，控干水分，稍微晾凉（变成约 30g）。

按照❶ ⇨ ❷ ⇨ ❸ ⇨ ❹的顺序将食材放入沙拉罐中，盖好盖子，放入冰箱冷藏保存。

小贴士

家中常备上一些干燥的羊栖菜，随时都能用上，非常方便。

佃煮海苔沙拉

Japanese salad with seaweed dressing

酱油调味汁中加入海苔的佃煮，味道和香气更胜一筹。玉米的嫩黄色在黑色的映衬下，十分醒目。少许的甜味能让小朋友也很开心。

【材料】240ml 瓶 1 个的分量

❶ 酱油调味汁（→ p.13）… 1 大勺
佃煮海苔…1/2 小勺
❷ 黄瓜（切薄片）…1/2 根（50g）
❸ 玉米粒（罐头）…3 大勺（30g）
❹ 红叶生菜（撕成一口大小）…1～2 片
鸭儿芹（茎粗略切开，叶保留原样）…2 根

【制作方法】

按照❶ ⇨ ❷ ⇨ ❸ ⇨ ❹的顺序将食材放入沙拉罐中，盖好盖子，放入冰箱冷藏保存。

小贴士

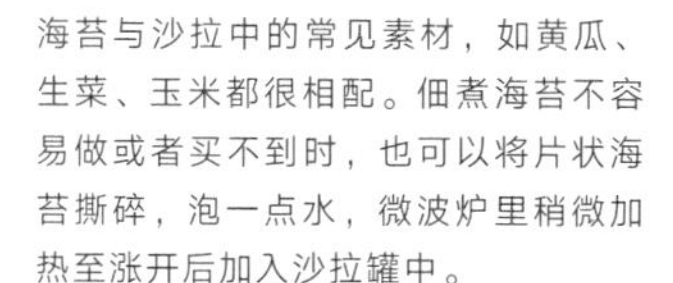

海苔与沙拉中的常见素材，如黄瓜、生菜、玉米都很相配。佃煮海苔不容易做或者买不到时，也可以将片状海苔撕碎，泡一点水，微波炉里稍微加热至涨开后加入沙拉罐中。

芜菁盐昆布沙拉

Turnip salad with salted "konbu"

大多数日本家庭常备的盐昆布，虽然自身比较咸，但是与调味汁融合之后，能渗透到整体，昆布会变软，入味后蔬菜也能吃掉很多，与午餐时的饭团也是绝配。

【材料】240ml 瓶 1 个的分量

❶ 酱油调味汁（→ p.13）… 1 大勺
盐昆布…一撮（1g）
❷ 黄瓜（切薄片）…1/3 根（30g）
❸ 芜菁（切成薄圆角片）…1 个（80g）
红彩椒（切成 5mm 小条）…1/2 个

【制作方法】

按照❶ ⇨ ❷ ⇨ ❸的顺序将食材放入沙拉罐中，盖好盖子，放入冰箱冷藏保存。

小贴士

会成为像立等可吃的浅渍一样的感觉，作为一碟小咸菜端上餐桌也不错。

用鱼类加工品制作沙拉

日式香草与小银鱼的鲜美，番茄也超级美味！

番茄小银鱼沙拉

- 冷藏保存 4 ~ 5 天

清爽和风，新鲜柚子汁的畅快

白菜金枪鱼柚子沙拉

- 冷藏保存 4 ~ 5 天

在和风食材中加入烟熏三文鱼

烟熏三文鱼梅子沙拉

- 冷藏保存 4 ~ 5 天

鱼类加工品

鱼类可以补充钙质，还含有动物性蛋白质和适度的脂肪，这些都是被蔬菜占据的沙拉所缺失的。特别是像金枪鱼罐头、小银鱼、烟熏三文鱼这样的食材，不仅即时可用，它们的鲜味和恰到好处的盐分还可以为食用者带来满足感。

番茄小银鱼沙拉

Tomato and boiled baby sardines salad

小小的罐中可以放入一整个番茄！酱油味与小银鱼更是绝佳搭配，再加上与番茄和小银鱼都会相处和谐的日式香草，一会儿工夫，整罐沙拉就能吃完了呢。

【材料】240ml 瓶 1 个的分量

❶ 酱油调味汁（→ p.13）… 1 大勺
❷ 番茄（切成 1.5cm 小方块）…1 个（140g）
❸ 水菜（粗略切段）…1/2 棵（30g）
❹ 茗荷（切丝）…1 个
小银鱼（熟的）…15g

【制作方法】

按照❶ ⇨ ❷ ⇨ ❸ ⇨ ❹的顺序将食材放入沙拉罐中，盖好盖子，放入冰箱冷藏保存。

小贴士

夏天带着装有小银鱼的罐沙拉外出时可能会有点担心……在盖子上方放上保冷剂包好，再放入袋子或者小包中就可以了。

白菜金枪鱼柚子沙拉

Chinese cabbagec and tuna salad with "yuzu" flavor

和风沙拉果然还是和日式的香气和酸味最契合。作为主角的白菜，只要加上一点点时令的黄柚子鲜榨汁，整体味道都会上一个台阶。

【材料】240ml 瓶 1 个的分量

❶ 酱油调味汁（→ p.13）…1 大勺
  柚子的鲜榨汁 ※1…1 小勺
❷ 紫皮洋葱（切碎）…1/4 个
❸ 金枪鱼（罐头）※2…1/2 罐
  白菜的茎（切丝）…1 片
❹ 白菜的叶（切丝）…1 片

※1 没有新鲜的，用瓶装柚子汁和柚子胡椒各少许也可以。
※2 不用去除罐头的油分，直接使用即可。

【制作方法】

白菜用手揉搓一下，减少些体量。
按照❶ ⇨ ❷ ⇨ ❸ ⇨ ❹的顺序将食材放入沙拉罐中，盖好盖子，放入冰箱冷藏保存。

小贴士

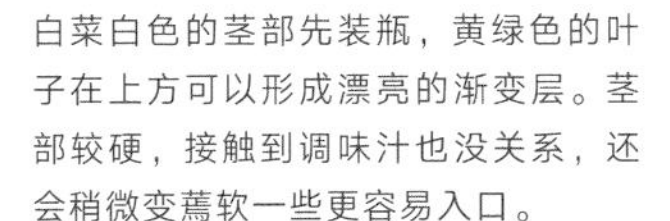

白菜白色的茎部先装瓶，黄绿色的叶子在上方可以形成漂亮的渐变层。茎部较硬，接触到调味汁也没关系，还会稍微变蔫软一些更容易入口。

烟熏三文鱼梅子沙拉

Smoked salmon salad with dried plum

保存时间较长，又有浓郁鲜味的烟熏三文鱼，即使是少量也能发挥很大效果，特别适合罐沙拉。梅干的酸味与茗荷的香气融入调味汁中，好好享受当下的和风沙拉吧。

【材料】240ml 瓶 1 个的分量

❶ 酱油调味汁（→ p.13）…1 大勺
  梅干 ※（使果肉分散）…少许（1g）
❷ 茗荷（薄切）…1 个
  山药（切长方块）…100g
❸ 烟熏三文鱼…40g
❹ 萝卜苗（粗略切开）…1/4 包

※ 梅干也可以用红紫苏粉代替。

【制作方法】

按照❶ ⇨ ❷ ⇨ ❸ ⇨ ❹的顺序将食材放入沙拉罐中，盖好盖子，放入冰箱冷藏保存。

小贴士

特别适合当啤酒或者日本酒的下酒菜。所以客人来的前两天做好，储备在冰箱里是个不错的主意。肯定能得到好评的！

和风沙拉
世界寻味

印度香料风情的炒煮沙拉

印度风烤菜花沙拉

• 冷藏保存 3 ~ 4 天

用奶酪补充容易缺失的钙质吧

番茄秋葵奶酪沙拉

● 冷藏保存 4 ~ 5 天

高人气的春雨沙拉也可以提前做好！

中华风春雨沙拉

● 冷藏保存 4 ~ 5 天
（粉丝在日语中被称作“春雨”。——译者注）

用世界的美味来制作和风沙拉

现在香料和奶酪等世界各国的食材已经变得很容易入手了，有时候也想换个口味，试着挑战一下带有异国风情的沙拉。和风调味汁很神奇，可以和各种味道融洽地调和在一起，而且以酱油作为基调，能呈现出让人安心的味道。

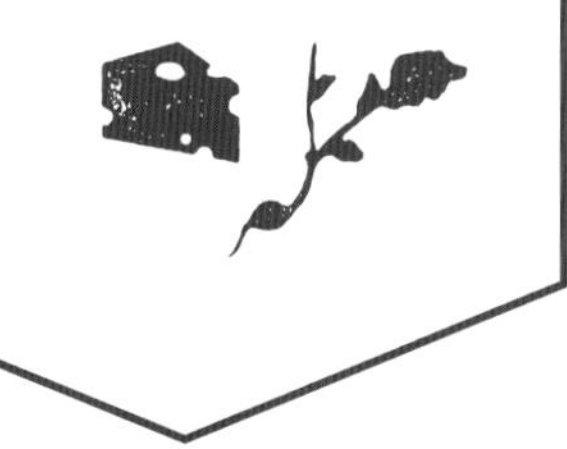

印度风烤菜花沙拉

Cauliflower sabji

Sabji 是素食主义者众多的印度的代表性蔬菜料理。原本采取炒煮的烹调方法，这里是用平底锅将菜花烤熟，使其充分沾裹上香料，再加上培根的鲜味，一定能带来极大的满足。

【材料】240ml 瓶 1 个的分量

❶ 酱油调味汁（→ p.13）…1 大勺
❷ 菜花（分开小朵）…1/3 个（100g）
❸ 培根（切成 1cm 小条）…3 片
❹ 欧芹（大致切碎）…适量
其他…适量橄榄油、1/2 小勺咖喱粉 ※

※ 用 p.70 中使用的小茴香粉 1/4 小勺代替也可以。

【制作方法】

平底锅烧热橄榄油，放入菜花用小火煎熟，均匀地撒上咖喱粉。
另起平底锅将培根煎至香脆。各自晾凉。
按照❶ ⇨ ❷ ⇨ ❸ ⇨ ❹的顺序将食材放入沙拉罐中，盖好盖子，放入冰箱冷藏保存。

小贴士

由于味道具有较强的冲击力，所以午餐时配上面包已经足够。香料和培根都与酒很搭，推荐当作啤酒或者白葡萄酒的下酒小食。

番茄秋葵奶酪沙拉

Tomato, okra, and cheese salad

颜色和形状都很可爱的罐沙拉的必做蔬菜——番茄与秋葵，只是加入奶酪，就能为容易感到寡淡的酱油味增添一份浓郁，进而变身为一道有点奢侈的料理。最上层的木鱼花与其他蔬菜混合，美味升级。

【材料】240ml 瓶 1 个的分量

❶ 酱油调味汁（→ p.13）… 1 大勺

❷ 番茄（小个，切成 1.5cm 小方块）…1 个

❸ 秋葵（切成小薄片）…3 根

❹ 木鱼花…两撮

再制奶酪…30g

【制作方法】

按照❶ ⇨ ❷ ⇨ ❸ ⇨ ❹的顺序将食材放入沙拉罐中，盖好盖子，放入冰箱冷藏保存。

小贴士

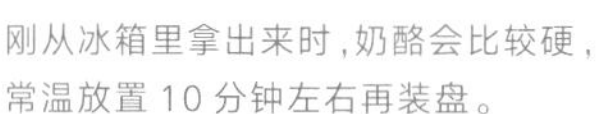

刚从冰箱里拿出来时，奶酪会比较硬，常温放置 10 分钟左右再装盘。

中华风春雨沙拉

Chinese "bean starch vermicelli" salad

在日本拥有众多爱好者的春雨沙拉，很快就会变得“水水的”是料理时的难点。能完美解决这一问题的正是罐沙拉！与调味汁直接接触的只有较硬的胡萝卜，粉丝还能保持原本的劲道口感。

【材料】240ml 瓶 1 个的分量

❶ 酱油调味汁（→ p.13）… 1 大勺

白芝麻碎…小勺 1/2

❷ 胡萝卜（切细丝）…1/4 根（40g）

❸ 黄瓜（切细丝）…1/2 根（50g）

❹ 粉丝（最好是绿豆粉丝）…10g

火腿（切成 5mm 小条）…3 片

【制作方法】

粉丝煮熟，充分沥干水分，大致切开成易于食用的小段（大概变成 40g）。

按照❶ ⇨ ❷ ⇨ ❸ ⇨ ❹的顺序将食材放入沙拉罐中，盖好盖子，放入冰箱冷藏保存。

小贴士

“明明有那么多粉丝和蔬菜，调味汁却只放 1 大勺真的没关系吗？”也许会有这样的担心。完全没问题！吃的时候摇晃瓶中的调味汁让它浸透到全体食材上，是刚刚好的分量。

完全使用和食的
食材来制作，
当作晚餐的小菜也适合

茄子鲑鱼南蛮渍沙拉

● 冷藏保存 2~3 天

Marinated fried eggplant and salmon salad

炸茄子、烤大葱、还有盐味鲑鱼，
将几种非常下饭的食材组合起来，再加上日式香草的点缀，
盐味已经足够，所以一瓶可以分成 2 ~ 3 人的小碟，
作为下酒小菜也很好。

【材料】240ml 瓶 1 个的分量

❶ 酱油调味汁（→ p.13）…1 大勺
❷ 茄子（随意切）…1 根
❸ 带有甜味和咸味的鲑鱼（生鲑鱼也可以）…1 片
　大葱（切成 3cm 段）…1/3 根
❹ 茗荷（薄切）…1/2 个
　紫苏叶（切丝）…1 片
其他…适量芝麻油

【制作方法】

使用较大的平底锅，多放些芝麻油，油烧热后并排放入茄子、鲑鱼和大葱，半炸半煎。
中途翻动茄子使每个面都沾到油。鲑鱼去掉骨头和皮，鱼肉分成一口大小。
按照❶ ⇨ ❷ ⇨ ❸ ⇨ ❹的顺序趁热将食材放入沙拉罐中，等到大致放凉以后，再放入冰箱冷藏保存。

小贴士

作为小菜食用时，可以把沙拉罐的盖子打开，用微波炉加热一下，会有不同的风味。茄子因为滚过油，表面形成了保护层，即使浸在调味汁中也不会吸收过多，不用担心。

油淋鸡沙拉

• 冷藏保存 2 ~ 3 天

Chinese grilled chicken salad with condiment

酱油调味汁中再加入少许佐料，即刻就能变成“油淋鸡”的调味汁！
用微波炉稍微加热一下，原本的沙拉会呈现“一道菜”的感觉。
分量比较足的一款沙拉，两个人分享也不错。

【材料】240ml 瓶 1 个份

❶ 酱油调味汁（→ p.13）…1 大勺
❷ 大葱（切碎）…1/4 根
姜蓉 小勺…1/2
❸ 小番茄※（纵切 4 等分）…4 个
鸡腿肉（切成一口大小）…1/2 片
❹ 萝卜芽（大致切开）…1/2 包
其他…1/2 大勺芝麻油、适量的盐和胡椒

※ 使用黄色或者橙色的小番茄也会很可爱。

【制作方法】

平底锅倒入芝麻油，油烧热后将鸡腿肉皮朝下放置，煎至香脆。反面也煎熟，撒上盐和胡椒，大致晾凉。
按照❶ ⇨ ❷ ⇨ ❸ ⇨ ❹的顺序将食材放入沙拉罐中。
盖好盖子，放入冰箱冷藏保存。

小贴士

将皮煎得有些焦脆的鸡腿肉，既有稍微渗入了调味汁的部分，又保留着脆皮口感，每个部分都会很好吃。

将经典中华料理重新演绎
男生也会喜欢的菜肴沙拉

AND MORE LESSON 2

“红与黑”是配色的关键

色彩缤纷的罐沙拉，如何配色是决定其美貌程度的重要因素。

人的眼睛会首先停留在红色，然后是黑色，所以选择其一放入沙拉罐中，能够点亮整体，给人以鲜明的印象。

说到红色的食材，最方便的就是番茄和小番茄。放入调味汁中能提升鲜美度，直接吃也十分美味，水灵灵的，是罐沙拉的世界中非常活跃的存在。让红色更加吸引眼球的秘诀是：皮向外贴着瓶壁摆放。因为比起带籽的那一面，皮的部分红得更加鲜明，能更好地呈现诱人的颜色。

黑色食材中，黑橄榄的轮状切片非常方便。作为沙拉的一味食材既能增添美味，又因车轮的形状而能吸引视线。最近，去核的轮状黑橄榄片也开始售卖了，用起来也很方便。

下面介绍一下红色和黑色各自的代表食材。

红色系食材

番茄、红彩椒、水萝卜、茗荷、胡萝卜等

黑色系食材

黑橄榄、黑豆、羊栖菜、裙带菜、海带、海苔、西梅等

美味劲辣

韩国风调味汁

芝麻油的香醇，韩式辣椒酱的辛辣与酱油、醋、砂糖混合在一起，浓烈的辣中又带有丝丝回味甘甜……光是这样就能让沙拉成为一道不容小觑的高水平料理。这款调味汁特别适合搭配肉，做成菜肴沙拉真是再合适不过了。

有了沙拉罐
人气韩国料理也不在话下!

韩式拌菜沙拉

● 冷藏保存 4 ~ 5 天

Korean "namul" salad

很喜欢辣味十足的韩国料理，做起来却很麻烦……
这种时候不妨来尝试这款沙拉吧。使用的材料都是经典的韩式食材——辣白菜、豆芽以及具有新鲜口感的叶蔬菜，制作方法也超级简单。

【材料】240ml 瓶 1 个的分量

❶ 韩国风调味汁（→ p.13）…1 大勺
❷ 辣白菜（大致切开）…20g
❸ 黄豆芽※…70g
❹ 嫩叶菜…1/4 袋（10 ~ 15g）
白芝麻粒…适量

※ 普通的绿豆芽也可以。

【制作方法】

黄豆芽包上保鲜膜，微波炉（600W）加热 40 秒，控干水分，稍微晾凉。
按照❶ ⇨ ❷ ⇨ ❸ ⇨ ❹的顺序将食材放入沙拉罐中。
盖好盖子，放入冰箱冷藏保存。

小贴士

韩式小菜原本的做法是往加热后的蔬菜中拌入调味料。在食用这款沙拉时，也推荐大家盛盘后，将调味汁与食材充分混合均匀再开动。

说到韩国的生食蔬菜沙拉
就是这个！

韩式混合蔬菜沙拉

● 冷藏保存 4 ~ 5 天

Korean mixed vegetables salad

当大家聚在一起吃饭，或者家族 BBQ（烧烤会）的时候，
推荐使用 480ml 的大瓶来制作这款沙拉，能分出 2 ~ 3 人份。
充分吸收了调味汁的裙带菜，与蔬菜相混合，让人食指大动。

【材料】480ml 瓶 1 个的分量

① 韩国风调味汁（→ p.13）…2 大勺
② 黄瓜（切薄圆片）…1/2 根（50g）
红柿子椒 ※1（切丝）…1 个（60g）
③ 裙带菜 ※2（新鲜的，大致切开）…30g
生菜（切条）…2 ~ 3 片
大葱（切细丝）…1/4 根
④ 萝卜芽（大致切开）…1/3 包

※1 用红彩椒代替也可以。
※2 干裙带菜热水泡发后使用也可以。

【制作方法】

按照① ⇨ ② ⇨ ③ ⇨ ④的顺序将食材放入沙拉罐中。
盖好盖子，放入冰箱冷藏保存。
食用时先晃动沙拉罐，取出装盘，搅拌均匀。如果有韩式海苔，可以撕碎了撒在沙拉中，会更好吃。

小贴士

如果是作为午餐或者参加聚会时的伴手礼，可以事先准备些小包装的韩式海苔一起带去。吃之前撕碎撒入海苔碎，增加香脆的口感，也更有海的风味。只制作 1 人份当然也没问题，使用 240ml 的瓶子，各种材料的分量都减半就可以了。

番茄干四季豆沙拉

• 冷藏保存 4 ~ 5 天

Dry tomato and green bean salad

意大利料理中经常出现的干番茄，浓缩了鲜味和酸甜，
与辛辣的调味汁特别契合。豆角炒过后散发出青草的气味变得更加美味，
请一定要大口大口地吃掉它们！

明明是韩国风
却尝出了意大利口感

【材料】240ml 瓶 1 个的分量

❶ 韩国风调味汁（→ p.13）…1 大勺
❷ 干燥番茄（热水浸泡 20 分钟后切成小丁）…1 片
❸ 四季豆（3 等分）…6 ~ 10 根（60g）
❹ 红柿子椒※（切成 1cm 宽的小条）…1 个半（80g）
其他…适量芝麻油

※ 用红彩椒代替也可以。

【制作方法】

平底锅烧热芝麻油，将四季豆快速炒熟，稍微晾凉。
按照❶ ⇨ ❷的一半 ⇨ ❸ ⇨ ❹ ⇨ ❷的另一半的顺序将食材放入沙拉罐中。盖好盖子，放入冰箱冷藏保存。

小贴士

红柿子椒炒过之后也很好吃，不过这里为了保留它爽脆的口感，就直接使用生的。切成容易吃的大小，注意不要太厚。

甜辣烤茄子沙拉

• 冷藏保存 3 ~ 4 天

Sweet and spicy sauteed eggplant salad

为了保证沙拉的新鲜感，茄子不需要烤得太软。微微渗入了甜辣味道，和其他蔬菜一起放入口中时，形成绝妙的节奏感，绝对让你停不下筷子。

【材料】240ml 瓶 1 个的分量

1. 韩国风调味汁（→p.13）…1 大勺
2. 茄子（小个，切成 1cm 厚的圆片）…2 根（160g）
3. 绿辣椒（竖切两半）…5 根
4. 红柿子椒※（竖切 8 等分）…1 个（60g）

其他…适量芝麻油

※ 用半个红彩椒，切成 1.5cm 宽的小条代替也可以。

【制作方法】

较大的平底锅烧热芝麻油（1 大勺），将茄子、绿辣椒、红柿子椒放入炒熟。途中翻动茄子使每个面都沾裹到油。各自稍微晾凉。

按照1 ⇨ 2 ⇨ 3 ⇨ 4的顺序将食材放入沙拉罐中。

盖好盖子，放入冰箱冷藏保存。

小贴士

茄子的紫白组合是成熟又可爱的颜色。圆片的形状也能够强调“放了茄子哟”。带出去参加聚会时，把 1 ~ 2 片茄子贴着瓶壁摆放，更能吸引到大家的眼球。

青椒与肉末还有粉丝
齐聚罐中的
韩风菜肴沙拉

韩式肉末粉丝沙拉

• 冷藏保存 3 ~ 4 天

Korean "bean starch vermicelli" and meat salad

这款沙拉的重点是炒熟的肉末要趁热放入调味汁中。
肉散发出的香味和脂肪会渗透到调味汁中，形成丰富的味觉体验。
柿子椒可以按照自己喜好选择红色或者绿色的。在盘中充分混合拌匀后享用吧。

【材料】240ml 瓶 1 个的分量

1. 韩国风调味汁（→ p.13）…1 大勺
2. 猪牛混合肉馅 ※1…70g
3. 粉丝（以绿豆粉丝最佳）…10g
4. 青椒 ※2（切丝）…1~2 个
   生菜（切细丝）…1~2 片（40g）

※1 牛肉薄片切丝、猪肉薄片切丝或者猪肉馅都可以。
※2 像左页图片那样使用红色柿子椒也可以。

【制作方法】

粉丝煮熟，彻底控干水分后大致切开（大约会变到 40g）。
罐中放入①。
平底锅烧热，将②的肉馅拨散炒熟，趁热放入罐中。
然后按照③ ⇨ ④的顺序将食材放入沙拉罐中。
盖好盖子，稍微晾凉之后放入冰箱冷藏保存。

小贴士

猪牛混合肉馅如果趁热放入调味汁中再冷藏，油脂会很神奇地变得不那么令人在意。食用时从冰箱中取出，常温放置 10 分钟左右，肉的香味会更突出。另外，打开盖子用微波炉稍微加热后再食用也没问题。

充足的肉和蘑菇
尽情享受美味吧！

牛肉蘑菇辣味沙拉

● 冷藏保存 3 ~ 4 天

Spicy beef and mushroom salad

韩国风的甜辣调味汁，会让肉也变得更可口。
虽说是沙拉，但其实蔬菜类与牛肉大概各占了一半分量，
是吃起来很容易满足的菜肴风沙拉。
紫皮洋葱的口感也是亮点。

【材料】240ml 瓶 1 个的分量

❶ 韩国风调味汁（→ p.13）…1 大勺

❷ 牛肉片※…70g

❸ 紫皮洋葱（横着切薄片）…1/8 个
喜欢的蘑菇（去掉根部撕成一口大小）
…共 1/3 包的分量

❹ 小葱（切成小段）…3 根

其他…适量芝麻油、盐、胡椒

※ 用猪肉薄片也可以。

【制作方法】

首先往罐中放入❶。
较大的平底锅烧热芝麻油，将蘑菇和牛肉各自炒熟，
撒上盐和胡椒调味。
趁热按照❷ ⇨ ❸ ⇨ ❹的顺序将食材放入沙拉罐中。
盖好盖子，放入冰箱冷藏保存。

小贴士

牛肉要趁热放入调味汁中，不仅会更美味，即使放入冰箱冷藏油脂也不会结块。吃的时候可以打开盖子用微波炉稍微加热，常温食用还可以配上面条享用！

鸡胸肉鸭儿芹柚子沙拉

Steamed chicken and mitsuba salad with "yuzu" flavor

- 冷藏保存 2 ~ 3 天
（鸡胸肉后放，可以保存 4 ~ 5 天）

黄瓜鸡胸肉酷辣沙拉

Spicy cucumber and steamed chicken salad

- 冷藏保存 2 ~ 3 天
（鸡胸肉后放，可以保存 4 ~ 5 天）

柑橘的酸甜感 使味觉变得清爽

（日本柚子，是一种柑橘类水果。外观类似桔子，但表皮粗糙，味酸，一般不直接食用，而利用它的酸味和柚子的清香做调味料。——译者注）

有嚼劲的蔬菜与鸡肉一起变身“棒棒鸡”风沙拉

鸡胸肉鸭儿芹柚子沙拉

柚子与酱油十分相配，在韩国风调味汁中加入些许柚子汁会更好吃，有种清凉又爽口的风味。

【材料】240ml 瓶 1 个的分量

❶ 韩国风调味汁（→ p.13）…1 大勺
　柚子的鲜榨汁 ※1…1/2 小勺
❷ 黄瓜（切丝）…1/2 根
❸ 桔子（取出果肉）…1 个
❹ 蒸鸡胸肉 ※2（用手撕碎）…1/6 片
　鸭儿芹（切开）…2 根

※1 用 1/8 小勺柚子胡椒也可以。
※2 鸡胸肉一片，水 1/2 杯、酒 2 大勺，一起放入平底锅中，盖上盖子，中小火蒸煮 10 ~ 15 分钟。直接浸在汁液中晾凉。

【制作方法】

按照❶ ⇨ ❷ ⇨ ❸ ⇨ ❹的顺序将食材放入沙拉罐中。
盖好盖子，放入冰箱冷藏保存。

◎如果希望延长保存时间，装瓶至❸即可。这样可以冷藏保存 4 ~ 5 天。食用当日或前日再放入蒸鸡胸肉与鸭儿芹。

小贴士

如果想让罐沙拉拥有 4 ~ 5 天的保存期限，只需要先将蔬菜类食材装瓶，容易变质的鸡肉几天之后再放入。其他比如虾、鹌鹑蛋等不太容易保鲜的材料也一样。

黄瓜鸡胸肉酷辣沙拉

食材的组合方法，与棒棒鸡差不多，不过黄瓜要切成薄片。黄瓜与芹菜都比较有嚼头，鲜嫩多汁，水灵又清爽。

【材料】240ml 瓶 1 个的分量

❶ 韩国风调味汁（→ p.13）…1 大勺
❷ 榨菜（大致切碎）…20g
❸ 黄瓜（斜切薄片）…1/2 根
　芹菜（斜切薄片）…1/4 根
❹ 蒸鸡胸肉 ※2（用手撕碎）…1/6 片
　芹菜叶（切碎）…适量

【制作方法】

按照❶ ⇨ ❷ ⇨ ❸ ⇨ ❹的顺序将食材放入沙拉罐中。
盖好盖子，放入冰箱冷藏保存。

◎如果希望延长保存时间，装瓶至❸即可。这样可以冷藏保存 4 ~ 5 天。食用当日或前日再放入蒸鸡胸肉与芹菜叶。

小贴士

在家吃午餐时，直接盛在煮好的中华面上，就是一道快手中华冷面。如果觉得咸味不够，可以再撒些盐。另外，这款沙拉搭配酱油调味汁（→ p.13）也会很美味。蔬菜选择番茄、黄瓜丝、焯过的豆芽，在酱油调味汁中加入多多的芝麻碎，立刻变身和风棒棒鸡。

呷哺呷哺猪肉沙拉

● 冷藏保存 3 ~ 4 天

大虾春雨沙拉

- 冷藏保存 2 ~ 3 天
（大虾后放，可以保存 4 ~ 5 天）

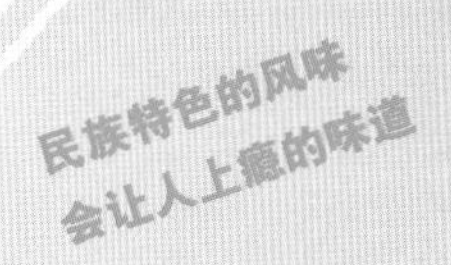

呷哺呷哺猪肉沙拉

Boiled pork salad

苦味的水芹、辣味的洋葱、香味的茗荷，
数种带有香气的蔬菜组合在一起，味道反而变得温和圆润，
不妨用猪肉片卷起蔬菜享用吧。足够 2 个人吃的分量。

【材料】240ml 瓶 1 个的分量

❶ 韩国风调味汁（→ p.13）…1 大勺
❷ 猪肉片（涮锅用）…100g
❸ 洋葱（切薄片）…1/8 个
茗荷（切细丝）…1 个
❹ 水芹※（去掉较硬的茎部，掰成一口大小）…1/2 把

※ 可以生吃的新鲜绿色蔬菜都可以。

【制作方法】

猪肉片在热水中涮至变色，控干水分，大致晾凉。
按照❶ ⇨ ❷ ⇨ ❸ ⇨ ❹的顺序将食材放入沙拉罐中。
盖好盖子，放入冰箱冷藏保存。

小贴士

猪肉在常温状态比较美味，所以从冰箱里取出来后，打开盖子，放在微波炉中稍微加热一下。因为是密封保存，所以能很好地保存蔬菜的香气和新鲜感，这也是罐沙拉的特别之处。

大虾春雨沙拉

Shrimp "bean starch vermicelli" salad

与小番茄的味道融合之后，甜辣味的调味汁也变得更美味更柔和。
各种食材充分混合后，总觉得是道具有民族风味的料理。
容易入味的粉丝也发挥了重要的作用。

【材料】240ml 瓶 1 个的分量

❶ 韩国风调味汁（→ p.13）…1 大勺
❷ 小番茄（纵切 4 等分）…4 个
❸ 芹菜（切细条）…1/4 根（50g）
　芹菜叶（粗略切开）…4 片
❹ 粉丝（最好是绿豆粉丝）…10g
　大虾…2 ~ 4 只

【制作方法】

大虾快速焯熟，控干水分，稍微晾凉，剥壳待用。
粉丝煮熟，充分沥干水分，切成易于食用的长度（大约变成 40g）。
按照❶ ⇨ ❷ ⇨ ❸ ⇨ ❹的顺序将食材放入沙拉罐中。
盖好盖子，放入冰箱冷藏保存。

◎如果希望延长保存时间，装瓶至❹中的粉丝即可。
这样可以冷藏保存 4 ~ 5 天。食用当日或前日再放入大虾。

小贴士

绿豆粉丝用水煮有点费时间，不妨一次多煮一些，也可以顺便制作些其他需要粉丝的沙拉。如果有香菜，最上面加点，更具异域风情。

用水果制作的罐沙拉集

两种黄色水果
满载热带风情

芒果沙拉

- 冷藏保存 3 ~ 4 天

葡萄的果汁渗入调味汁中
果香四溢

葡萄沙拉

• 冷藏保存 3 ~ 4 天

奶油味调和酸甜
大人的沙拉

草莓菠萝沙拉

• 冷藏保存 3 ~ 4 天

用水果制作的罐沙拉集

水果颜色鲜艳，形状鲜明，是仅仅那么摆着也会吸引目光的可爱食材。因为带有清甜味，所以成为深受女性欢迎的沙拉。富含维生素 C 的水果与蔬菜结合，用不同的调味汁搭配，带去参加聚会，大家一定会很开心。

芒果沙拉

Mango salad

绵滑香甜的芒果，与清爽酸香的西柚组合，简单的调味汁使整体的味道紧凑起来。最下层浸在调味汁中的芒果，和最上层的芒果呈现出两种不同味道，十分有趣。

【材料】240ml 瓶 1 个份

❶ 法式油醋汁（→ p.13）… 1 大勺

❷ 芒果（取出果肉切成一口大小）…1 个

❸ 意大利欧芹※（只使用叶子，捏碎）…5 ~ 6 根

❹ 西柚（取出果肉）…1/2 个

※ 普通的欧芹切碎放入，铺成一层也可以。

【制作方法】

按照❶ ⇨ ❷的一半 ⇨ ❸的一半 ⇨ ❹ ⇨ ❸的另一半 ⇨ ❷的另一半的顺序将食材放入沙拉罐中，盖好盖子，放入冰箱冷藏保存。

小贴士

像图片中那样将意大利欧芹展开贴在瓶壁上，仿佛花冠一般，超级可爱。带去参加聚会时请一定要试试！

葡萄沙拉

Grape salad

葡萄酸甜的果汁，会让调味汁有种水果茶的芬芳。培根的咸香与奶酪的醇厚搭配起来，更是绝妙的美味。下层露出葡萄断面，上层使葡萄皮向外，展现出葡萄迷人的紫色吧。

【材料】240ml 瓶 1 个的分量

❶ 法式油醋汁（→ p.13）… 1 大勺

❷ 葡萄（无籽型，切成 5mm 薄片）…4 个

❸ 嫩叶菜…15g

❹ 茅屋奶酪（Cottage cheese）…20g
　培根（切成 1cm 宽度）…2 片

【制作方法】

平底锅加热，将培根煎至焦脆，大致晾凉。按照❶ ⇨ ❷ ⇨ ❸ ⇨ ❹的顺序将食材放入沙拉罐中，盖好盖子，放入冰箱冷藏保存。

小贴士

葡萄请选用大粒无籽的，品种不限。连皮一起放入调味汁。吃的时候皮并不会碍事，调味汁也会变得像意大利香醋般味道深厚。

草莓菠萝沙拉

Strawberry and pineapple salad

娇鲜欲滴的草莓与漂亮的黄色菠萝，是甜点中常见的组合。调味汁融入了些许水芹的苦味，绝对是一道高水准的沙拉。

【材料】240ml 瓶 1 个的分量

❶ 蛋黄酱调味汁（→ p.13）… 1 大勺
　蜂蜜※… 1 小勺

❷ 菠萝（切成小方块）果肉…80g

❸ 水芹（除去茎硬的部分，撕成一口大小）…1/2 把

❹ 杏仁（粗略剁碎）…6 颗
　草莓（纵切 4 等分）

※ 砂糖 1/2 小勺也可以。

【制作方法】

按照❶ ⇨ ❷ ⇨ ❸ ⇨ ❹的顺序将食材放入沙拉罐中，盖好盖子，放入冰箱冷藏保存。

小贴士

草莓虽然已经四等分切开，装瓶时还是要注意不要露出白色的芯，拼起来以原本的形状装入，突出表面的鲜艳红色，会更好看。

即使是不爱吃水果的
男性也会喜欢！

希腊风西瓜沙拉

• 冷藏保存 2~3 天

红酒会上肯定会受到瞩目
与生火腿搭配的绝品下酒菜

蜜瓜沙拉

● 冷藏保存 3～4 天

希腊风西瓜沙拉

Greek watermelon salad

在我家特别受家人和来客欢迎的一款沙拉。
味道浓郁的小番茄，带盐味的奶酪再加上罗勒，
简直停不下筷子！

【材料】480ml 瓶 1 个的分量

❶ 法式油醋汁（→ p.13）…2 大勺
小番茄（纵切 4 等分）…6 个
续随子 ※1…1~2 大勺

❷ 西瓜（切成小方块）…300g

❸ 菲达奶酪 ※2…30g

❹ 罗勒叶…10 小片

※1 如果没有续随子，不放也没关系。
※2 用山羊、水牛的奶制成的希腊奶酪含有适度的盐分。
也可以用撒上少许盐的蓝纹奶酪或者茅屋奶酪。

【制作方法】

按照❶ ⇨ ❷ ⇨ ❸ ⇨ ❹的顺序将食材放入沙拉罐中。盖好盖子，放入冰箱冷藏保存。

小贴士

罗勒叶不用切开，直接放入即可，这样可以更好地保留其香气、颜色和新鲜度。

蜜瓜沙拉

Melon salad

蜜瓜用圆勺挖成球状。使用两种颜色的蜜瓜会使沙拉美貌度大幅提升。

浸入了调味汁，蜜瓜的甜味会变得更明显，与咸鲜的生火腿可是绝配。

【材料】480ml 瓶 1 个的分量

❶ 法式油醋汁（→ p.13）…2 大勺

❷ 蜜瓜[※1]（挖成圆球）果肉…120 ~ 180g

❸ 芝麻菜[※2]（撕成一口大小）…10 根

片状黑橄榄…20g

❹ 生火腿…8 片

※1 蜜瓜切成小方块也可以，那样能放入大约 250g。这里使用了两种颜色的蜜瓜，只用一种颜色的也可以。

※2 芝麻菜也可以用沙拉菠菜或者水芹代替。

【制作方法】

按照❶ ⇨ ❷ ⇨ ❸ ⇨ ❹的顺序将食材放入沙拉罐中。盖好盖子，放入冰箱冷藏保存。

小贴士

片状黑橄榄的下方一定要注意将芝麻菜平铺好，这样才能防止橄榄片错位掉入下层。推荐大家使用可供 2 ~ 3 人作为下酒菜享用的 480ml 瓶制作。

AND MORE LESSON

3

将罐沙拉带出门的小技巧

装入密封瓶的沙拉，即使倒了也不会倾洒漏出，可以放心带出门。但是夏天带到办公室或者当作伴手礼给别人吃的时候还是有些担心。这时只要在盖子上放好保冷剂，用可爱的胶带固定，包上餐布、茶巾等布块，再放入包里就可以了。

如果是带去参加聚会，比较聪明的办法是用布包好后，放进装红酒的纸袋中交给主人。如果有自带保冷功能的香槟拎袋就更好了，直接装入带去，会让大家都很开心。

冷气是从上往下流动的，所以将保冷剂固定在盖子上方。

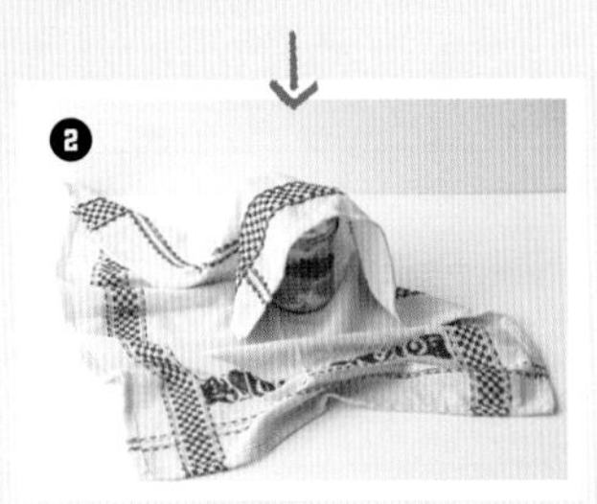

将罐沙拉放在布的中心，面前与对面的布各自成对角线方向包住沙拉瓶。

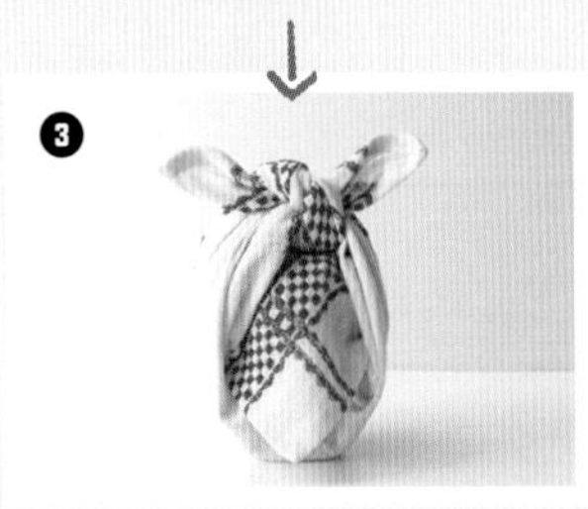

左右两角系成手柄，一次可以同时包2瓶，放入包中带出去吧。

如果有漂亮的保冷袋，也可以重叠着放进去。

主要食材分类索引（页码为刊登了该菜谱的页码）

【蘑菇类】

【水果类】

【蔬菜与豆类的加工品】

【海藻及其加工品】

【海鲜类】

[海鲜类加工品]

【肉、蛋类】

【肉 / 乳加工品】

图书在版编目（CIP）数据

玻璃罐沙拉 /（日）林紘子著；胡苏莞译 .
—北京：北京联合出版公司，2017.1
ISBN 978-7-5502-9031-0
Ⅰ . ①玻… Ⅱ . ①林…②胡… Ⅲ . ①沙拉—菜谱 Ⅳ . ① TS972.121
中国版本图书馆 CIP 数据核字（2016）第 262806 号

NY STYLE NO JAR SALAD RECIPE by Hiroko Rin
Copyright © Hiroko Rin 2015
All right reserved.
Original Japanese edition published by SEKAI BUNKA PUBLISHING INC., Tokyo.
This Simplified Chinese language edition is published by arrangement with
SEKAI BUNKA PUBLISHING INC., Tokyo in care of Tuttle-Mori Agency, Inc., Tokyo
本书中文简体版由银杏树下（北京）图书有限责任公司出版发行。

玻璃罐沙拉

著　　者：[日] 林紘子　　译　　者：胡苏莞
选题策划：后浪出版公司　　出版统筹：吴兴元
责任编辑：管　文　　特约编辑：李志丹
封面设计：7 拾 3 号　　营销推广：ONEBOOK
装帧制造：墨白空间

北京联合出版公司出版
（北京市西城区德外大街 83 号楼 9 层　100088）
北京盛通印刷股份有限公司印刷　新华书店经销
字数 60 千字　889 毫米 × 1194 毫米　1/32　4 印张
2017 年 1 月第 1 版　2017 年 1 月第 1 次印刷
ISBN 978-7-5502-9031-0
定价：38.00 元

后浪出版咨询(北京)有限责任公司
常年法律顾问：北京大成律师事务所　周天晖　copyright@hinabook.com
未经许可，不得以任何方式复制或抄袭本书部分或全部内容
版权所有，侵权必究
本书若有质量问题，请与本公司图书销售中心联系调换。电话：010-64010019